校企合作计算机精品教材

Python 数据分析与应用案例教程

主编　李兆延　刘佳雪　罗鑫鑫

上海交通大学出版社
SHANGHAI JIAO TONG UNIVERSITY PRESS

内容提要

本书从实用角度出发，以数据预处理、分析与可视化的流程为主线，系统地介绍了利用 Python 进行数据分析的相关知识和技术。全书共分为 8 章，内容包括数据分析入门、Python 数据分析基础、Pandas 数据预处理、Pandas 数据分析、Matplotlib 数据可视化、旅游网站精华游记数据分析、二手房数据分析与房价预测、电商客户价值分析。

本书可作为各类院校计算机、大数据和人工智能等相关专业及教育培训机构的专用教材，也可供 Python 编程和大数据技术爱好者及相关从业人员参考使用。

图书在版编目（CIP）数据

Python 数据分析与应用案例教程 / 李兆延，刘佳雪，罗鑫鑫主编. -- 上海 : 上海交通大学出版社，2022.8（2024.4 重印）

ISBN 978-7-313-27014-6

Ⅰ. ①P… Ⅱ. ①李… ②刘… ③罗… Ⅲ. ①软件工具—程序设计—教材 Ⅳ. ①TP311.561

中国版本图书馆 CIP 数据核字(2022)第 109148 号

Python 数据分析与应用案例教程

Python SHUJU FENXI YU YINGYONG ANLI JIAOCHENG

主　　编：李兆延　刘佳雪　罗鑫鑫

出版发行：上海交通大学出版社　　地　　址：上海市番禺路 951 号

邮政编码：200030　　电　　话：021-64071208

印　　制：北京京华铭诚工贸有限公司　　经　　销：全国新华书店

开　　本：787 mm×1092 mm　1/16　　印　　张：13.25

字　　数：300 千字

版　　次：2022 年 8 月第 1 版　　印　　次：2024 年 4 月第 3 次印刷

书　　号：ISBN 978-7-313-27014-6

定　　价：49.80 元

本书编委会

主　编　李兆延　刘佳雪　罗鑫鑫

副主编　张红岩　陈高祥　苏永康

郝超群　年爱华

前言 PREFACE

随着大数据、人工智能、云计算等技术的发展，数据已经成为数字经济时代重要的生产要素。在数字经济时代，各行各业的分析决策都离不开对数据的充分分析。如何在海量的数据中分析出有价值的信息，逐渐成为数据科学领域一个全新的研究课题。

众所周知，Python 简单易学，具有较强的可读性，并且它处理数据快捷、高效，在科学计算、数据分析、数学建模和数据挖掘等方面占据了越来越重要的地位。因此，Python 已成为数据分析的首选工具。

为了帮助广大读者更好地利用 Python 进行数据分析，我们精心规划和编写了本书。

本书特色

一、三位一体，协同育人

党的二十大报告指出："育人的根本在于立德。"本书有机融入党的二十大精神，积极探索"价值塑造、能力培养、知识传授"三位一体的新路径，尽可能选取既对应相关知识点，又能够体现核心素养并与实际应用紧密相关的案例。同时，各章还适时安排了"政策引领""辉煌中国""卓越创新"等模块，实现全员全程全方位育人。例如，"政策引领"模块，引导学生理解国家大数据战略，构建大数据思维；"辉煌中国"模块，使学生了解中国丰富的旅游资源，并深入理解生态文明建设原则；等等。

二、校企合作，案例实用

本书在编写过程中得到了程序开发相关企业的支持，书中所选取的案例都是与实际应用紧密相关的，如餐厅订单信息分析、旅游网站数据分析、二手房数据分析与房价预测、电商客户价值分析等，可以使学生更好地理解所学知识，做到即学即练、学以致用；还可以锻炼学生的工作思维和实践技能，帮助学生更快地适应职场。

三、全新形态，全新理念

本书按照“理论够用，重在实践”的教学原则，安排了丰富、实用的案例。基础篇各章采用“知识点+小案例”的形式，将知识点与案例紧密结合，帮助学生理解知识点；然后又安排了“典型案例”和“课堂实训”，帮助学生综合应用各章知识；此外，在各章最后还安排了“本章考核”，帮助学生练习和巩固各章所学知识。应用篇安排了 3 个不同应用场景的实战项目，帮助学生加强实战能力。

此外，本书还根据需要设置了“提示”“知识库”“拓展阅读”等栏目，适时提醒和解决学生在学习与操作过程中遇到的问题，让学生少走弯路、提高学习效率。

四、数字资源，丰富多彩

本书配有丰富的数字资源。学生可以借助手机或其他移动设备扫描二维码获取相关知识的微课视频，也可登录文旌综合教育平台“文旌课堂”（www.wenjingketang.com）查看和下载本书配套资源，如程序源代码、课堂实训和本章考核答案、优质课件、教案、课程标准等。

此外，本书还提供了在线题库，支持“教学作业，一键发布”，教师只需通过微信或“文旌课堂”App 扫描扉页二维码，即可迅速选题、一键发布、智能批改，并查看学生的作业分析报告，提高教学效率、提升教学体验。学生可在线完成作业，巩固所学知识，提高学习效率。

编者团队

本书由李兆延、刘佳雪、罗鑫鑫担任主编，张红岩、陈高祥、苏永康、郝超群、年爱华担任副主编。在本书编写过程中，编者参考了大量文献资料，在此向这些文献资料的作者表示诚挚的谢意。

由于编者水平和经验有限，书中存在的错误和不妥之处，恳请广大读者批评指正。

目录 CONTENTS

基础篇

应 用 篇

基 础 篇

第1章

数据分析入门

本章导读

随着计算机和信息技术的快速发展和普及应用，数据量呈爆发式增长。海量的数据蕴含着巨大的价值，且现有数据的量级已经远远超过人力所能处理的范畴。如何分析和使用这些数据，逐渐成为数据科学领域中一个全新的研究课题。

学习目标

- 理解数据分析的概念与流程。
- 了解数据分析的应用场景。
- 了解数据分析常用的工具，以及 Python 在数据分析领域的优势。
- 了解 Python 数据分析常用类库。
- 能在 Windows 系统中搭建 Python 开发环境。

素质目标

- 通过对数据分析的了解，增强探索意识。
- 树立大数据思维和时代意识，自觉遵守职业道德和法律法规。
- 养成事前调研、做好准备工作的习惯。

1.1 数据分析概述

1.1.1 什么是数据分析

数据分析是利用数学、统计学理论相结合的统计分析方法对获取的大量数据进行分析，提取有用信息并形成结论，对数据加以详细研究和概括总结的过程。它的本质是通过总结繁多、复杂数据的内在规律，帮助人们做出判断，以便采取适当的行动。

数据分析的数学基础在 20 世纪早期就已确立，但直到计算机的出现才使得数据分析的实际操作成为可能，并得以推广。

数据分析一般可以划分为以下 3 类。

（1）描述性分析：通过图表或数学方法对数据进行整理和分析，反映数据的数量特征，包括数据的集中趋势、离散程度、频率分布等。数据的描述性分析是对数据进一步分析的基础。

（2）探索性分析：从大量的数据中发现未知且有价值的信息的过程，它不受研究假设和分析模型的限制，尽可能地寻找变量之间的关联性。

（3）预测性分析：利用统计、建模等方法对当前或历史数据进行研究，从而对未来进行预测。

1.1.2 数据分析的流程

数据分析的流程大致可分为 6 步，如图 1-1 所示。

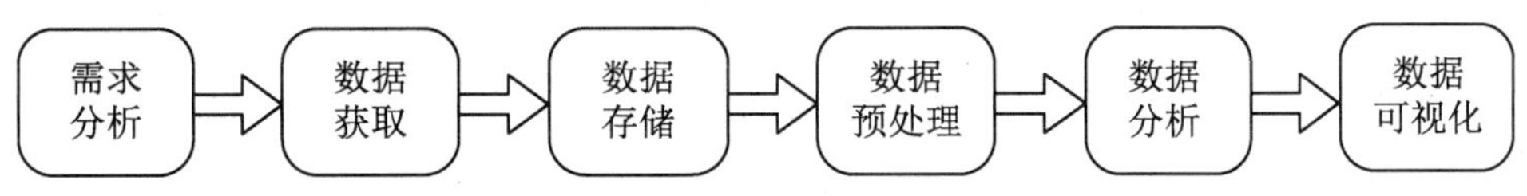

图 1-1 数据分析的流程

1. 需求分析

需求分析是数据分析的第一步，也是非常重要的一步，它决定了后续的分析方向和方法。在需求分析阶段，需要弄清楚为什么要进行数据分析、分析什么、想要得到什么样的结果等。

2. 数据获取

数据获取是数据分析的基础，是指根据需求分析的结果有目的地提取、收集数据。数据的来源有多种，如 Excel 数据、数据库中的数据、网站数据（网页中的文字、图片、视频等）、公开的数据集等。

具体使用哪种数据获取方式，依据需求分析的结果而定。例如，数据库中的数据可以直接读取，网站数据可以使用爬虫工具爬取，公开的数据集可以下载。

3. 数据存储

数据存储是指将获取的数据保存到指定的文件或数据库中，方便后续操作时读取。例如，使用爬虫工具爬取的数据可以保存到数据库中，下载的公开数据集可以保存到指定格式的文件中。

提 示

> 数据存储不一定只发生在数据获取时，预处理或分析后的数据也可以存储起来。

4. 数据预处理

数据预处理是指对需要分析的数据进行清洗、规整和转换等，以得到便于分析的数据。其中，数据清洗可以去掉重复、缺失或异常的数据；数据规整可以将相互关联的数据合并，也可以将相关数据进行有效分组；数据转换可以通过标准化、离散化、编码等技术处理数据，以便达到后期的分析要求。

数据预处理的各个过程相互交叉，并没有明确的先后顺序。它是数据分析中必不可少的环节，在一定程度上保证了数据的质量。

5. 数据分析

数据分析是指通过分析手段、方法和技巧对预处理后的数据进行描述、探索或预测，从中发现数据的内在规律，提取有价值的信息，形成有效结论。在这个阶段，既要熟悉常规数据分析方法及原理，也要熟悉专业数据分析工具的使用，如 Python、MATLAB 等，以便进行一些专业的数据统计、数据建模等。

6. 数据可视化

数据可视化是指以图表方式展现数据分析的结果，常用的图表包括饼状图、直方图、柱状图等。借助图表这种展现数据的方法，可以更加直观地让人们表述想要呈现的信息、观点或建议。

本书重点讲解数据预处理、数据分析和数据可视化的技术及方法。

1.1.3 数据分析的应用场景

随着数据分析技术的发展，数据分析的应用场景越来越广泛。下面介绍一些常见的应用场景。

1. 电商行业的应用

数据分析在电商行业的应用较为广泛，其典型的应用场景如下：① 电商企业收集大量用户在电商网站或网络媒体上的注册信息、行为数据（用户在网站和移动 App 中的浏览/点击/发帖等行为）、交易数据、网络日志数据等；② 对收集的数据进行分析和挖掘，得出不同用户的购买能力、行为特征、心理特征、兴趣爱好、家庭情况、喜欢的社交网络等分析结果；

③ 根据分析结果做精准营销、精准推荐或提高用户的购物体验等。

2．金融行业的应用

金融行业也是数据分析应用的重点行业。目前，国内不少银行、保险公司都已建立大数据平台，并通过数据分析来驱动业务运营。例如，银行通过收集并分析自身业务产生的数据、客户在社交媒体上的行为数据、客户在电商网站上的交易数据、客户的缴税数据等，可以了解不同客户的消费能力、信用额度和风险偏好，从而对客户实施精准营销、风险管控等。

3．医疗行业的应用

处理和分析健康医疗数据，不仅能够帮助医生进行疾病诊断和治疗决策，帮助患者享受更加便利的服务，还能够预测流行疾病的暴发趋势、降低医疗成本等。例如，医生诊断患者时可以利用疾病数据库和相关工具分析患者的疾病特征、化验报告和检测报告，从而快速为患者确诊，并制订适合患者的治疗方案。

4．教育行业的应用

数据分析在教育行业的应用包括优化教学管理、学生管理、教学内容、教学手段、教学评价等。例如，基于网络的学习平台能记录学生的作业完成情况、课堂言行、师生互动等数据，如果将这些数据汇集起来，就可以分析出学生的学习特点和习惯，从而对不同学生的学习提出有针对性的建议。同时，这些数据也可以促使教师进行教学反思，从而优化教学。

5．政务管理中的应用

政府部门掌握着全社会最多、最核心的数据。有效地利用这些数据，将使政务管理和服务、抢险救灾等工作的效率进一步提高，各项公共资源得到更合理的配置。

例如，数据分析对地震、台风等“天灾”救援已经开始发挥重要作用。利用气象局、地震局的气象历史数据、星云图变化历史数据，以及城建局、规划局的城市规划、房屋结构数据等，构建大气运动规律评估模型、气象变化关联性分析模型等，从而精准地预测气象变化，寻找最佳的救灾解决方案。

卓越创新

数据分析早在 20 世纪初期就已经存在，直到计算机和互联网的飞速发展，才慢慢被人们应用和熟知。过去的数据分析方法比较耗费人力和物力，如市场调查问卷，效果不是特别明显。直到近几年，数字信息技术快速发展，数据分析在各行各业都越来越重要。

例如，近年大火的短视频社交软件，都是通过数据分析得出每一位用户的喜好、关注点、要解决的问题、喜欢看哪一类视频或文章，主动为用户推荐所喜欢的内容，深得广大用户喜爱。

此外，在数据分析应用的过程中，我们也应遵守个人信息保护的有关法律法规，严格落实数据安全和个人信息保护的有关措施，防止数据泄露和滥用等。

1.2 数据分析工具

1.2.1 常用的数据分析工具

根据不同的需求可以选择不同的数据分析工具，下面介绍几种常用的数据分析工具。

1. Excel 工具

Excel 是最常用的数据分析工具，适合处理简单的数据分析问题。它可以进行各种数据的处理、统计分析和辅助决策操作，广泛应用于管理、统计、金融等众多领域。

从 Excel 2010 版本开始，Excel 增加了数据分析工具包，可以做一些简单的回归分析、方差分析和相关分析等。

但是，在大数据时代，由于 Excel 处理速度较慢，已经无法胜任大量数据的处理了。因此，在进行大规模数据分析时，通常不会将 Excel 作为主力分析工具，而只作为辅助工具来使用。

2. MATLAB 软件

MATLAB 是一款商业数学软件，用于数据分析、无线通信、深度学习、图像处理与计算机视觉、信号处理、量化金融与风险管理、机器人、控制系统等领域。

MATLAB 具有高效的数值计算及符号计算功能，能使用户从繁杂的数学运算分析中解脱出来；具有完备的图形处理功能，可实现计算结果和编程的可视化；具有友好的用户界面及接近数学表达式的自然化语言，使学者易于学习和掌握；具有功能丰富的应用工具箱（如信号处理工具箱、通信工具箱等），为用户提供了大量方便实用的处理工具。

MATLAB 将数值分析、矩阵计算、科学数据可视化及非线性动态系统的建模和仿真等诸多强大功能集成在一个易于使用的视窗环境中，为科学研究、工程设计及必须进行有效数值计算的众多科学领域提供了一种全面的解决方案。

3. R 语言

R 语言是专为数据统计、分析和可视化而开发的数据统计与分析语言。作为数据分析的有效工具，它广泛应用于数据挖掘、数据管理、数据统计和数据分析等方面。

R 语言提供了大量的统计分析、数据挖掘方面的算法包，不仅可以方便地表示数学概念中的实数、向量、矩阵等概念，还可快速完成大规模数据的统计和分析，包括线性和非线性建模、常用统计检验、时间序列分析、数据分类和聚类分析等。此外，R 语言还具有跨平台、自由、免费、源代码开放、绘图表现和计算能力突出等一系列优点，受到了越来越多数据分析人员的喜爱。

4．Python 语言

Python 是一门简单易学、跨平台、可扩展的高级编程语言，它在网络爬虫、数据分析、人工智能、Web 开发、自动化运维、游戏开发等多个领域应用广泛。在 2022 年 2 月发布的 TIOBE 世界编程语言排行榜上，Python 牢牢占据榜首，成为最受软件工程师欢迎的编程语言。

Python 拥有非常丰富的专用的科学计算扩展库，包含高效、高级的数据结构，其提供的数据处理、绘图、数组计算、机器学习等相关模块，大大提高了数据分析的效率。

1.2.2 Python 数据分析的优势

Python 在数据科学领域具有无可比拟的优势，正在逐渐成为数据科学领域的主流语言。Python 数据分析主要有以下 5 个方面的优势。

（1）Python 强大且灵活，可以编写代码来执行所需的操作，实现自动化数据分析。

（2）Python 免费开源，且简单易学，对于初学者来说更容易上手。

（3）第三方扩展库不断更新，可用范围越来越广；在科学计算、数据分析、数学建模和数据挖掘等方面占据越来越重要的地位。

（4）可以和其他编程语言进行对接，兼容性较好。

（5）不仅适用于构建研究原型，同时也适用于构建生产系统。研究人员和工程技术人员使用同一种编程工具，可以给企业带来非常显著的组织效益，降低企业的运营成本。

1.2.3 Python 数据分析常用类库

1．NumPy

NumPy 是 Numerical Python 的简称，它不仅是 Python 的扩展库，也是 Python 科学计算的基础库。NumPy 可用来存储和处理大型矩阵，比 Python 自身的嵌套列表结构更高效，支持大量的维度数组与矩阵运算，也为数组运算提供了大量的数学函数库。

此外，由其他语言（如 C 和 Fortran）编写的库可以直接操作 NumPy 数组中的数据，无须进行任何数据复制操作。

2．SciPy

SciPy 是一个用于数学、科学、工程领域的常用扩展库，可以处理插值、积分、优化、图像处理、常微分方程数值解求解、信号处理等问题。它用于有效计算 NumPy 矩阵，使用 NumPy 和 SciPy 协同工作，可高效解决问题。

3．Pandas

Pandas 是一个基于 NumPy 库的免费开源第三方 Python 库，它提供高性能、易于使用的数据结构和数据分析工具。Pandas 可以从各种格式的文件中导入数据，如 CSV、JSON、SQL、Excel 等；还可以对各种数据进行运算操作，如合并、转换、选择、清洗和特征加工等。Pandas

自诞生后广泛应用于金融、统计学、社会科学、建筑工程等领域。

4. Matplotlib

Matplotlib 是 Python 中最受欢迎的数据可视化扩展库之一，支持跨平台运行。它是 Python 常用的 2D 绘图库，同时它也提供了一部分 3D 绘图接口。Matplotlib 通常与 NumPy、Pandas 一起使用，是数据分析中不可或缺的重要工具之一。

Matplotlib 是 Python 中类似 MATLAB 的绘图工具，它提供了一套面向对象绘图的 API，可以轻松地配合 Python GUI 工具包（如 PyQt、WxPython、Tkinter 等）在应用程序中嵌入图形。与此同时，Matplotlib 也支持以脚本的形式在 Python、IPython Shell、Jupyter Notebook 和 Web 服务器中使用。

5. Scikit-learn

Scikit-learn 是 Python 中的机器学习库，是一个简单有效的数据挖掘和数据分析工具，可以供用户在各种环境下重复使用。而且 Scikit-learn 建立在 NumPy、SciPy 和 Matplotlib 基础上，对一些常用的算法和方法进行了封装。目前，Scikit-learn 主要有数据预处理、模型选择、分类、聚类、数据降维和回归 6 个基本模块。在数据量不大的情况下，Scikit-learn 可以解决大部分问题。对算法不精通的用户在执行建模任务时，并不需要自行编写所有的算法，只需要简单地调用 Scikit-learn 库里的模块即可。

1.3 搭建 Python 开发环境

使用 Python 进行数据分析首先需要搭建 Python 开发环境，一般情况下，用户可以直接下载并安装 Python，也可以通过 Anaconda 安装 Python。

下面介绍在 Windows 系统中安装 Anaconda 和 PyCharm 编辑器，来搭建 Python 开发环境的方法。

提 示 

Anaconda 是一个开源的 Python 发行版本，它包含了 NumPy、Pandas、Matplotlib、Scikit-learn、Conda、Python 等超过 180 个科学包及其依赖项。其中，Conda 是一个开源的包和环境管理器，它允许用户可以同时安装若干不同版本的 Python 及其依赖包，并能够在不同的环境之间切换。同时，使用 Conda 安装新的工具包时，可以实现自动下载并安装，使用非常方便。

PyCharm 是一款非常优秀的 Python 编辑器，带有一整套可以帮助用户在使用 Python 语言开发时提高效率的工具，如调试、语法高亮、Project 管理、代码跳转、智能提示、自动完成、单元测试、版本控制等。

1.3.1 安装 Anaconda

1. 下载

步骤1 访问 https://www.anaconda.com/，在打开的 Anaconda 主页中选择“Products”→“Individual Edition”选项，如图 1-2 所示。

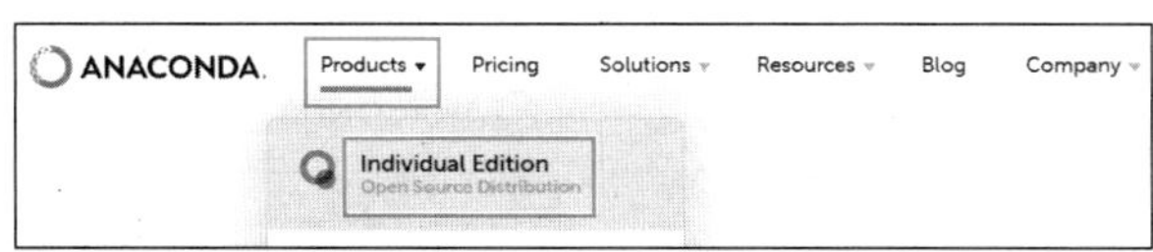

图 1-2　Anaconda 主页

步骤2 打开下载页面，向下拖动滚动条，直到出现 Anaconda 安装版本信息，选择“Windows”→“Python 3.9”→“64-Bit Graphical Installer”选项，下载安装软件，如图 1-3 所示。

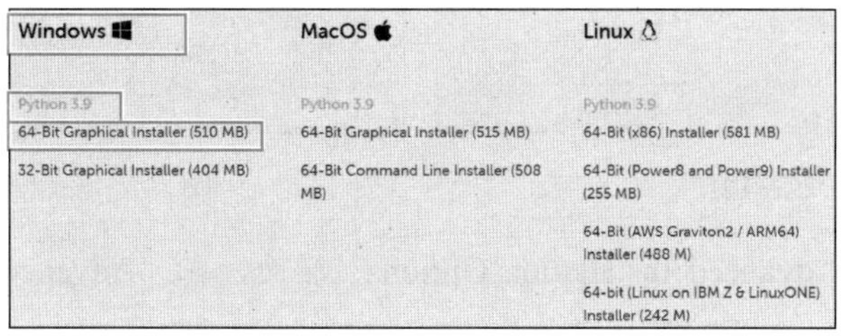

图 1-3　下载 Anaconda

提　示

Anaconda 主页可能更新，会导致下载页面有所不同。读者可访问 https://repo.anaconda.com/archive/，打开 Anaconda 官方历史版本下载页面，下载需要的版本。

2. 安装

步骤1 双击下载好的 Anaconda3-2021.11-Windows-x86_64.exe 文件，在打开的对话框中单击“Next”按钮，如图 1-4 所示。

步骤2 显示“License Agreement”界面，单击“I Agree”按钮，如图 1-5 所示。

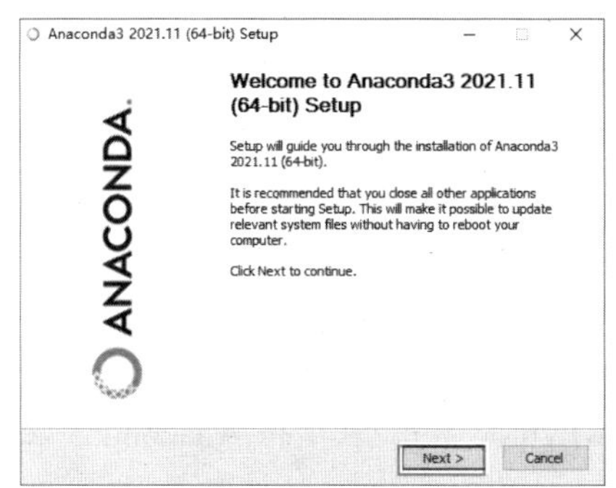

图 1-4　欢迎安装

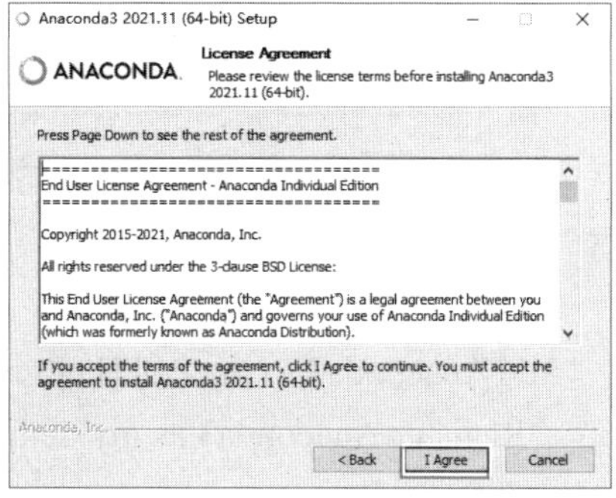

图 1-5　同意安装许可

步骤 3 显示“Select Installation Type”界面，在“Install for”列表中勾选“Just Me”单选钮，然后单击“Next”按钮，如图 1-6 所示。如果系统创建了多个用户而且都允许使用 Anaconda，则勾选“All Users”单选钮。

步骤 4 显示“Choose Install Location”界面，直接使用默认路径，单击“Next”按钮，如图 1-7 所示。

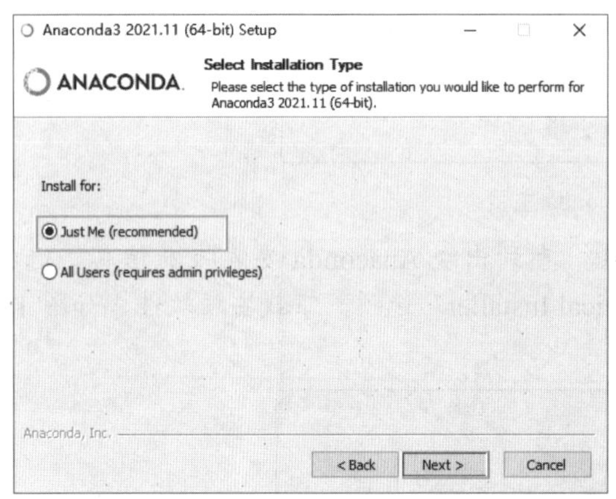

图 1-6　选择用户

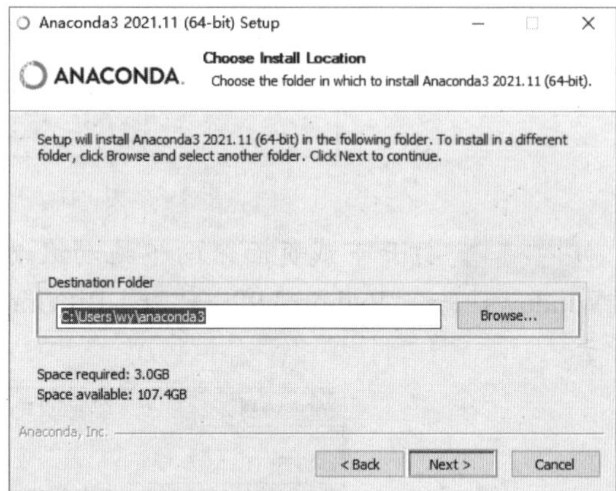

图 1-7　设置安装路径

步骤 5 显示“Advanced Installation Options”界面，在“Advanced Options”列表中勾选“Add Anaconda3 to my PATH environment variable”和“Register Anaconda3 as my default Python 3.9”复选框，单击“Install”按钮，如图 1-8 所示。

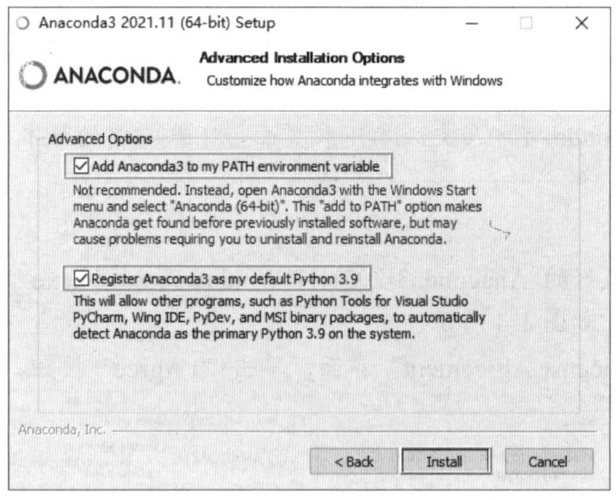

图 1-8　设置系统环境

勾选“Add Anaconda3 to my PATH environment variable”表示把 Anaconda3 加入环境变量；勾选“Register Anaconda3 as my default Python 3.9”表示将 Anaconda3 注册为默认安装的 Python 3.9。

步骤 6 安装完成后单击“Next”按钮，最后单击“Finish”按钮，完成 Anaconda3 的安装。

3. 验证

步骤 1 单击“开始”按钮，选择“Anaconda3”→“Anaconda Prompt”选项，如图 1-9 所示。

步骤 2 在打开的“Anaconda Prompt”窗口中输入“conda list”命令，按回车键，如果显示很多库名和版本号列表，说明安装成功，如图 1-10 所示。

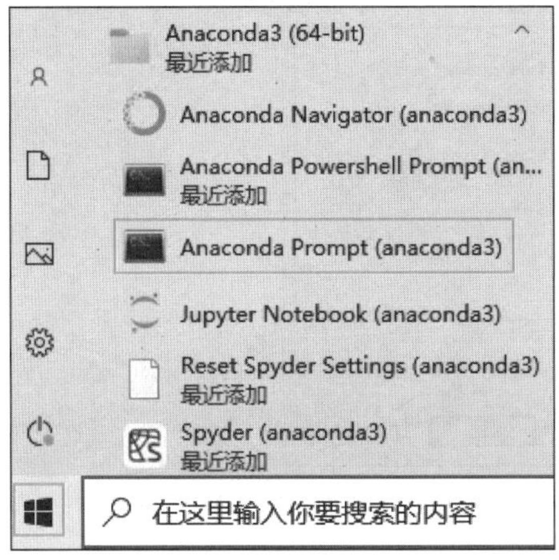

图 1-9 启动 Anaconda Prompt

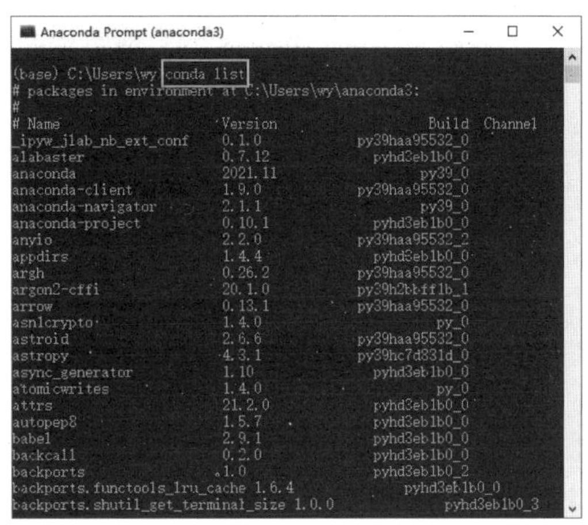

图 1-10 Anaconda 库名和版本号列表

1.3.2 安装 PyCharm

1. 下载

访问 https://www.jetbrains.com/pycharm/download/#section=windows，在打开的下载页面中单击“Community”下的“Download”按钮，下载社区版 PyCharm，如图 1-11 所示。

图 1-11 下载 PyCharm

2. 安装

双击下载的 pycharm-community-2021.3.1.exe 文件，运行安装程序。然后根据安装提示进行安装即可。

请在“Installation Options”对话框中勾选所有复选框，如图 1-12 所示。

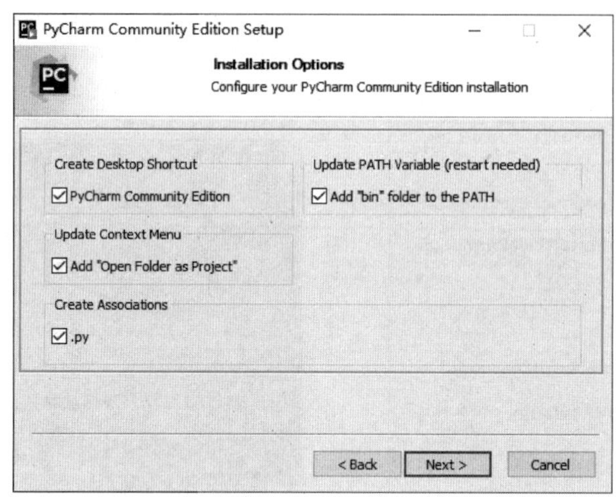

图 1-12　设置安装选项

3．使用

步骤 1 启动 PyCharm，打开“Migrating Plugins”对话框，自动安装中文语言包，如图 1-13 所示。如果不安装中文语言包，可单击“Cancel”按钮。

图 1-13　自动安装中文语言包

提　示

自动安装中文语言包对话框只在 PyCharm 首次使用时出现。如果没有自动安装中文语言包，可在 PyCharm 工作窗口的菜单栏中选择“File”→“Settings”选项，在打开的“Settings”对话框中选择“Plugins”选项，然后选择“Chinese (Simplified) Language Pack/中文语言包”进行安装。

步骤 2 中文语言包安装完成后，在打开的“欢迎访问 PyCharm”对话框中选择“新建项目”选项，如图 1-14 所示。

图 1-14 PyCharm 欢迎界面

步骤 3 显示“创建项目”界面，在“位置”编辑框中设置项目保存的路径并命名项目，如“Test”；在“使用此工具新建环境”下拉列表中选择“Conda”选项；其他保持默认设置不变，然后单击“创建”按钮，如图 1-15 所示。

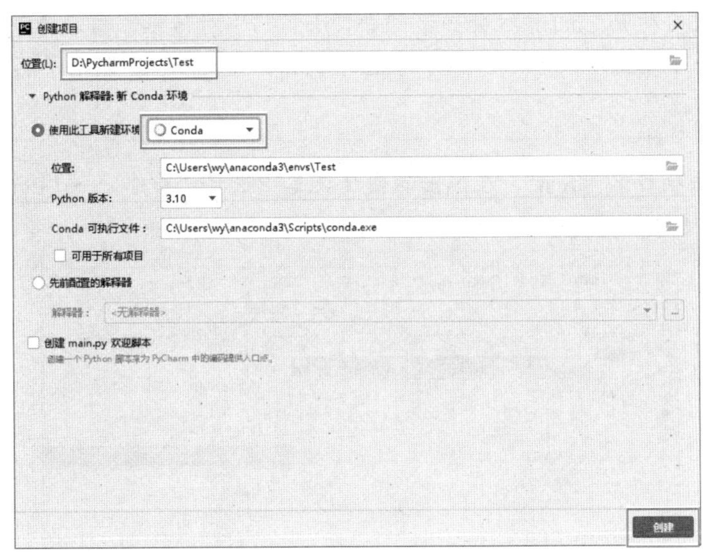

图 1-15 新建项目

提 示

Python 版本列表中显示目前已有的版本，用户可以根据需要选择版本，如果选择了没有安装的版本，Conda 则会自动下载安装。例如，前面安装 Anaconda 时安装了 Python 3.9 版本，但此处选择了最新的 3.10 版本，创建项目时会自动下载安装 3.10 版本。

勾选“可用于所有项目”复选框，表示可将当前配置的环境提供给其他项目使用。

步骤 4 打开 PyCharm 工作窗口，在左侧显示创建的“Test”项目，同时打开“每日小技巧”对话框，单击“关闭”按钮关闭该对话框，如图 1-16 所示。

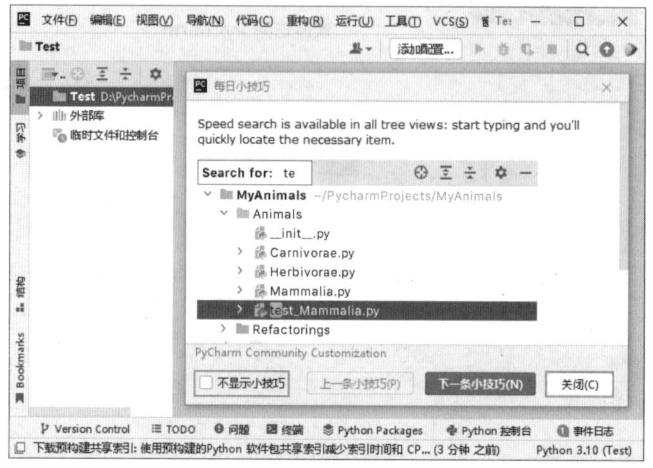

图 1-16 PyCharm 工作窗口

提 示

每天第一次启动 PyCharm 时会显示“每日小技巧”对话框，内容为 PyCharm 的快捷操作说明。如果不想显示该对话框，可勾选“不显示小技巧”复选框，然后单击“关闭”按钮（见图 1-16）。

步骤 5 右击项目名“Test”，在弹出的快捷菜单中选择“新建”→“Python 文件”选项，新建一个 Python 文件，如图 1-17 所示。

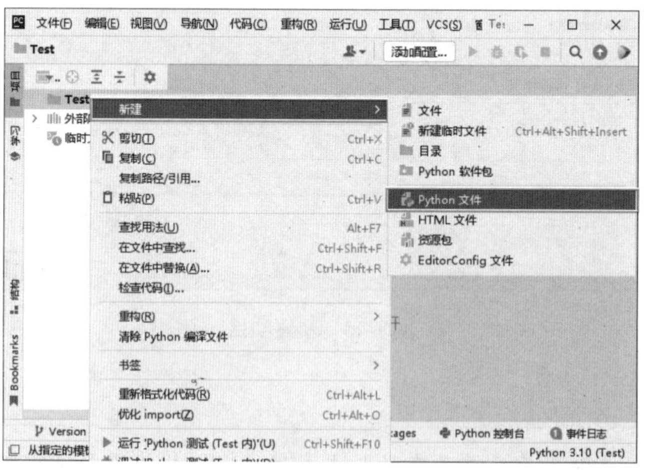

图 1-17 新建 Python 文件

步骤 6 打开“新建 Python 文件”对话框，将文件命名为“猜数字”，然后双击“Python 文件”，如图 1-18 所示。

图 1-18　命名文件

提　示

Python 程序的源文件扩展名为“.py”，如果要在 PyCharm 的项目中导入已经编写好的源文件，可以将源文件放到项目文件夹根目录下，这样源文件可显示在项目中。

步骤 7 进入“猜数字.py”代码编辑界面，在代码编辑区输入代码，如图 1-19 所示。

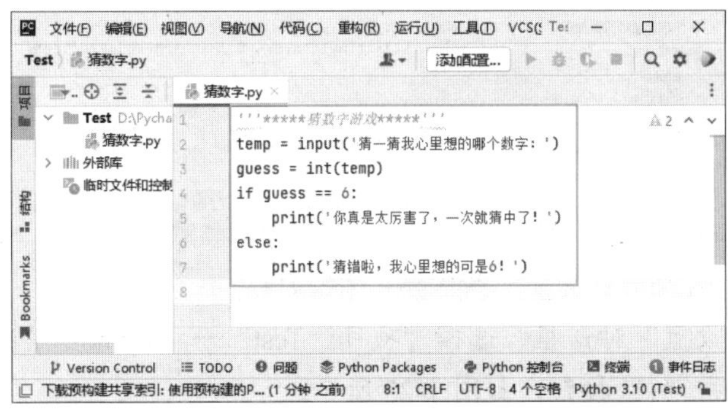

图 1-19　输入代码

步骤 8 在菜单栏中选择“运行”→“运行”选项，打开“运行”对话框，然后选择“猜数字”选项，运行程序，在窗口下方即可显示运行结果，如图 1-20 所示。

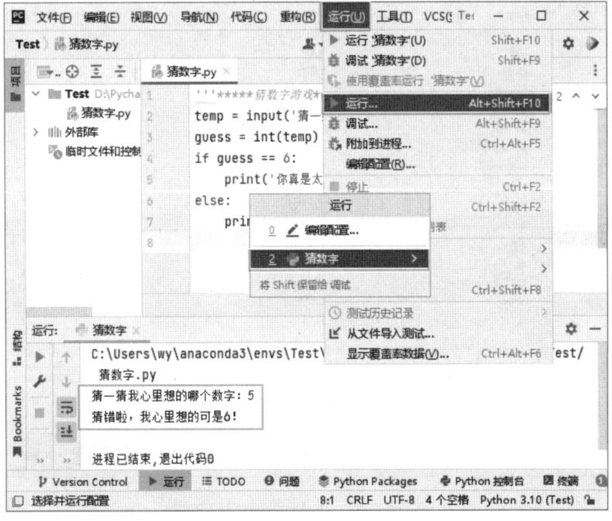

图 1-20　运行程序

1.3.3 安装 Python 数据分析常用库

Python 数据分析常用的库都不是 Python 内置的标准库，使用之前需要安装。下面以安装 Matplotlib 库为例，介绍安装 Python 第三方库的方法。

步骤 1 启动 PyCharm，在菜单栏中选择“文件”→“设置”选项，如图 1-21 所示。

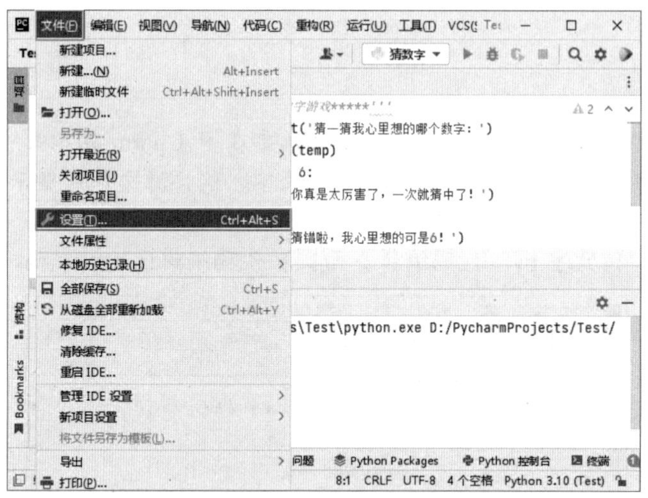

图 1-21 设置项目

步骤 2 打开“设置”对话框，选择“项目：Test”→“Python 解释器”选项，然后在显示的列表框上方单击“+”按钮，如图 1-22 所示。

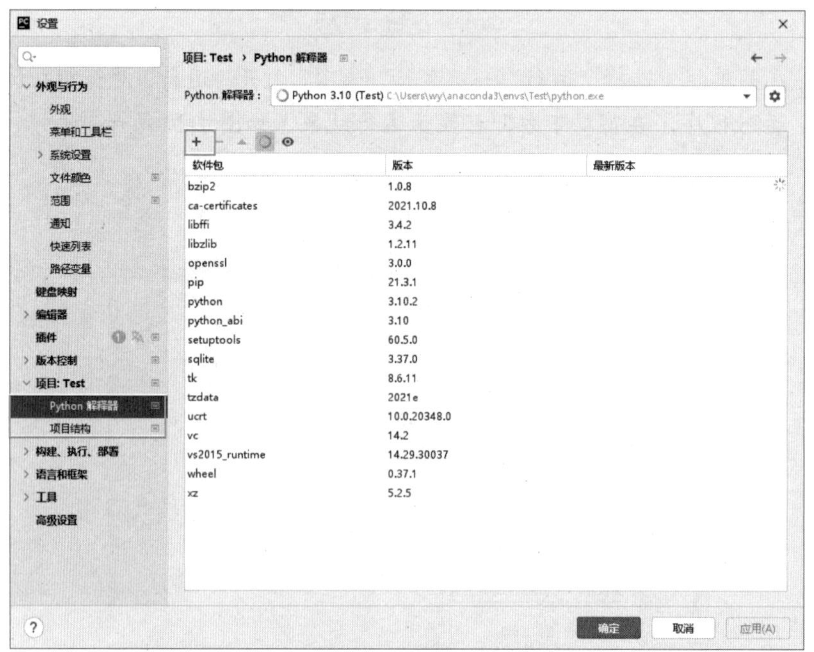

图 1-22 选择安装项目

步骤 3 打开“可用软件包”对话框，在搜索栏中输入“matplotlib”，然后在显示的列表中选择“matplotlib”选项，单击“安装软件包”按钮，如图 1-23 所示。

步骤 4 等待安装，安装成功后，“可用软件包”对话框中将显示“已成功安装软件包‘matplotlib’”，如图 1-24 所示。

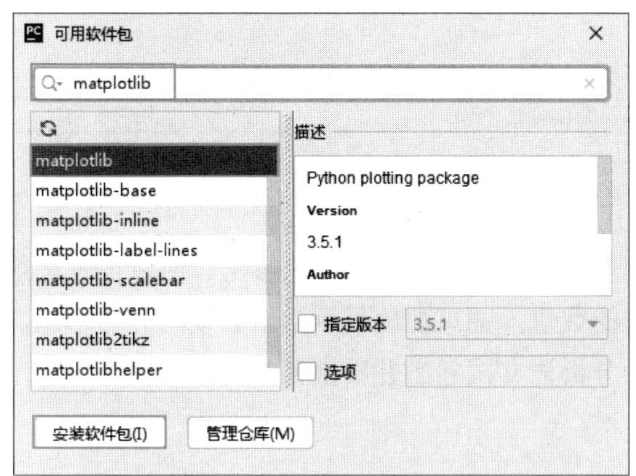

图 1-23 选择安装库

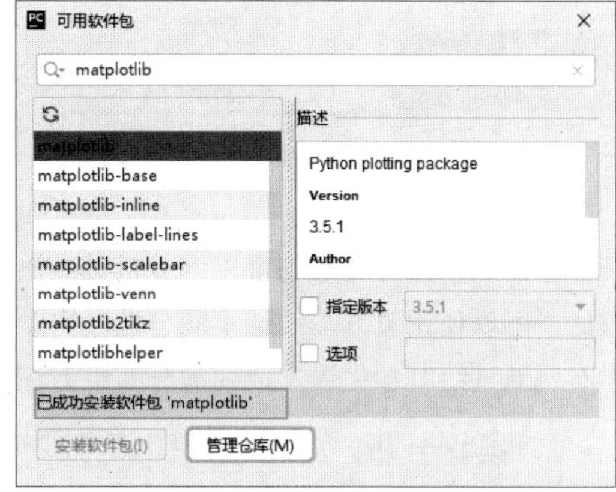

图 1-24 显示安装成功提示

步骤 5 关闭“可用软件包”对话框，返回“设置”对话框，在已安装库列表中可看到“matplotlib”，单击“确定”按钮即可完成安装，如图 1-25 所示。

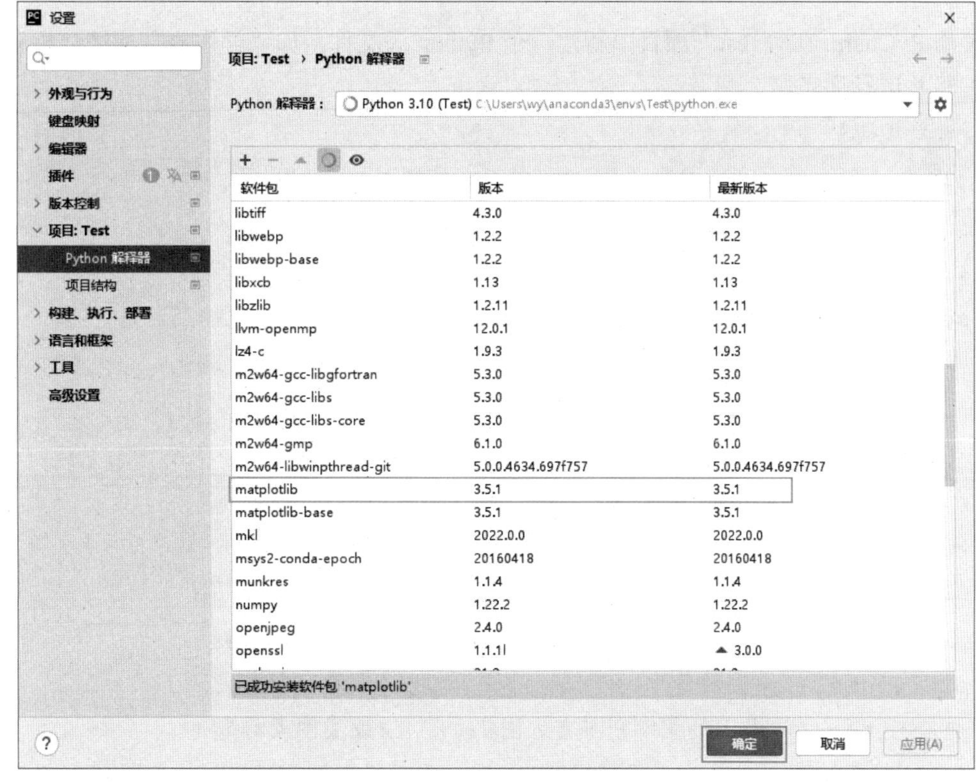

图 1-25 完成安装

提　示 

如果需要卸载库，可在“设置”对话框的已安装库列表中选择该库，然后单击上方的“-”按钮进行卸载。

典型案例——学生语文成绩分析

1. 案例内容

考试成绩的分布形态可以为分析试卷出题质量和学生学习成果提供参考，所以在考试结束后，可以使用直方图统计不同分数段内学生的数量，并直观地显示学生成绩的分布形态。本案例通过绘制学生语文成绩的分布直方图，分析语文试卷出题质量和学生学习成果。

2. 案例分析

（1）定义列表 score，保存学生语文成绩，并将其作为绘图时的数据集。

（2）以分数为 x 轴，以学生数量为 y 轴绘制直方图。x 轴数据区间的下限值和上限值分别为 0 和 150，间隔为 10，可通过 range(0, 150, 10)生成。

3. 案例实施

使用 PyCharm 在“Test”项目中新建一个 Python 源文件，如“学生语文成绩分析.py”，然后编写并运行程序。

【参考代码】

```
#导入 matplotlib 中的 pyplot 模块，并设置别名为 plt
import matplotlib.pyplot as plt
#定义列表 score，保存语文成绩
score = [107, 77, 94, 87, 90, 95, 92, 93, 86, 101, 85, 76, 96,
         99, 110, 89, 101, 110, 97, 83, 85, 83, 101, 75, 80, 79,
         102, 91, 88, 66, 76, 69, 88, 60, 89, 60, 70, 71, 56, 83,
         82, 68, 76, 95, 83, 65, 54, 78, 68, 71, 70, 63, 57, 43,
         71, 65, 85, 40]
#设置中文字体为 SimHei
plt.rcParams['font.sans-serif']=['SimHei']
plt.xlabel('分数')                          #设置 x 轴标题
plt.ylabel('学生数量')                      #设置 y 轴标题
plt.title('学生语文成绩分布直方图')         #设置图表标题
'''绘制直方图，score 表示数据集；bins 表示数据区间的取值，上限值和下限值
```

```
分别为 0 和 150，间隔为 10；facecolor 表示填充颜色；edgecolor 表示边框
颜色'''
plt.hist(score, bins=range(0, 150, 10), facecolor='red',
        edgecolor='black')
plt.show()                                     #显示图表
```

【运行结果】 程序运行结果如图 1-26 所示。

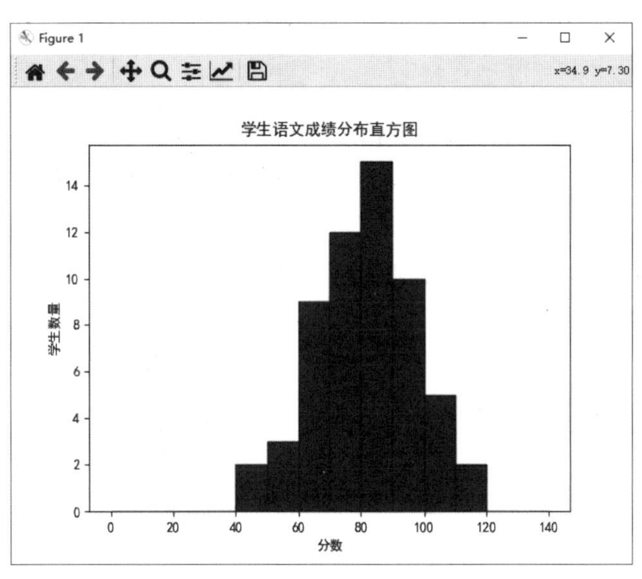

图 1-26 “学生语文成绩分析”程序运行结果

【结果分析】 从学生语文成绩分布直方图可以看出，学生的语文成绩基本呈现正态分布，但大部分学生的成绩低于 90（不及格），且[80, 90]区间学生数量最多，说明学生成绩整体偏低，侧面说明试卷有难度。

课堂实训 1

1．实训目标

（1）练习使用 PyCharm 新建项目。

（2）练习阅读和修改代码，绘制直方图。

2．实训内容

（1）使用 PyCharm 新建一个项目，命名为“成绩分析”，并将配置的环境提供给其他项目使用；然后在该项目中新建一个 Python 源文件，命名为“学生数学成绩分析.py”。

（2）已知学生数学成绩为[97, 83, 85, 120, 101, 88, 66, 101, 85, 76, 96, 66, 69, 88, 60, 49, 60,

70, 71, 56, 83, 82, 100, 76, 95, 60, 65, 101, 110, 71, 70, 63, 57, 55, 46, 65, 59, 56, 75, 80, 79, 45, 91, 54, 78, 68, 110, 77, 94, 87, 79, 95, 77, 93, 86, 99, 125, 89]，参考典型案例，编写程序绘制学生数学成绩分布直方图。

（3）设置直方图填充颜色为蓝色（blue），边框颜色为红色（red）。

本章考核 1

1. 选择题

（1）数据分析流程中，用于保证数据质量的是（　　）。

A．数据获取　　B．数据预处理

C．数据分析　　D．数据可视化

（2）下列数据分析库中，用于绘制 2D 图形的是（　　）。

A．NumPy　　B．Pandas

C．SciPy　　D．Matplotlib

（3）Python 源程序文件的扩展名为（　　）。

A．.exe　　B．.txt

C．.py　　D．.obj

2. 简答题

（1）什么是数据分析？

（2）简述数据分析的流程。

（3）简述数据分析的应用场景。

3. 实践题

创建新项目，应用已经配置好的项目环境，然后新建 Python 文件，编写程序，实现计算学生语文和数学总成绩，并通过直方图分段显示。

第 2 章

Python 数据分析基础

本章导读

在 Python 数据分析中，最常用的是 NumPy 库和 Pandas 库。NumPy 库是 Python 的科学计算库，专门用来处理矩阵，其运算效率高。Pandas 库是基于 NumPy 库的数据分析工具，能方便地操作大型数据集。本章只介绍 NumPy 库和 Pandas 库的基本功能，更多高级功能将在后续章节中进行介绍。

学习目标

- 掌握创建 NumPy 数组的方法。
- 掌握 NumPy 中数组索引与切片的使用方法。
- 了解 NumPy 中数组运算的方法，以及常用的数学运算函数。
- 理解 Pandas 中两种主要的数据结构。
- 掌握 Pandas 中选取数据的方法。
- 掌握 Pandas 中修改、增加和删除数据的方法。
- 掌握 Pandas 中保存和导入数据的方法。
- 能使用 NumPy 创建不同形式的数组，并进行索引与切片。
- 能使用 Pandas 创建 DataFrame 对象，并对数据进行选取、修改、增加、删除、保存和导入操作。

素质目标

- 提高选择合适方法解决不同问题的能力。
- 打破惯性思维，提高创新意识。

2.1 NumPy 库

2.1.1 创建数组

NumPy（使用之前须安装）定义了一个 n 维数组对象，简称 ndarray 对象，它是一个由一系列相同数据类型的元素组成的数据集合。NumPy 提供了多种函数用于创建数组，下面介绍比较常用的几种。

1. array()函数

array()函数用于创建数组，其一般格式如下。

```
numpy.array(object, dtype=None)
```

其中，object 表示序列，如列表、元组等，序列的维度决定了数组的维度；dtype 表示数组元素的数据类型，如果设置了数据类型，则序列中元素的数据类型会自动转换为 dtype 类型，默认为传入序列的数据类型。

提 示 

当序列中包含字符时，dtype 只能默认为字符型，或设置为字符型，不能设置为其他数据类型。

NumPy 提供了比 Python 更丰富的数据类型，它由一个类型名（如 int、float）和位长组成，常用的数据类型如表 2-1 所示。

表 2-1 NumPy 中常用的数据类型

类 型	说 明	类 型	说 明
bool	布尔类型，值为 True 或 False	float16	半精度浮点数（16 位）
str	字符型	float32	单精度浮点数（32 位）
int8、uint8	有符号和无符号的 8 位整数	float64/float	双精度浮点数（64 位）
int16、uint16	有符号和无符号的 16 位整数	complex64	复数，用两个 32 位浮点数表示实部和虚部
int32/int、uint32	有符号和无符号的 32 位整数	complex128	复数，用两个 64 位浮点数表示实部和虚部
int64、uint64	有符号和无符号的 64 位整数		

【例 2-1】 创建一维数组和二维数组。

【参考代码】

```
import numpy as np                                    #导入 numpy 库
arr1 = np.array([1, 2, 3])                            #使用列表创建一维数组
print('一维数组 arr1: \n', arr1)                       #输出一维数组 arr1
#使用元组创建一维数组，并设置数据类型为 int32
arr2 = np.array((4.5, 5.6, 6.8), dtype='int32')
print('一维数组 arr2: \n', arr2)                       #输出一维数组 arr2
#使用二维列表创建二维数组，并设置数据类型为 float32
arr3 = np.array([[1, 2, 3], [4, 5, 6]], dtype='float32')
print(' 2×3 的二维数组 arr3: \n', arr3)                #输出二维数组 arr3
```

【运行结果】 程序运行结果如图 2-1 所示。

```
一维数组arr1:
 [1 2 3]
一维数组arr2:
 [4 5 6]
 2×3的二维数组arr3:
 [[1. 2. 3.]
 [4. 5. 6.]]
```

图 2-1 例 2-1 程序运行结果

【程序说明】 从图 2-1 可以看出，NumPy 数组使用方括号将空格分隔的元素括起来。创建 arr1 时，没有设置 dtype，arr1 的数据类型与输入列表的相同；创建 arr2 时，设置 dtype 为“int32”，虽然输入元组的数据类型为浮点型，但 arr2 的数据类型被转换成了整型；创建 arr3 时，设置 dtype 为“float32”，虽然输入列表的数据类型为整型，但 arr3 的数据类型被转换成了浮点型（元素后面跟着一个小数点）。

2．zeros()函数

zeros()函数用于创建元素值都为 0 的数组，其一般格式如下。

```
numpy.zeros(shape, dtype='float')
```

其中，shape 表示数组形状；dtype 默认为 float。例如：

```
np.zeros(3)                       #创建包含 3 个 0 的一维数组
np.zeros((2, 3))                  #创建 2×3 的二维数组，其元素值都为 0
```

3．ones()函数

ones()函数用于创建元素值都为 1 的数组，其一般格式如下。

```
numpy.ones(shape, dtype='float')
```

4. empty()函数

empty()函数用于创建未初始化的数组，即只分配了内存空间，数组中的元素值是随机的，其一般格式如下。

```
numpy.empty(shape, dtype='float')
```

【例 2-2】 创建元素值都为 0、元素值都为 1 和未初始化的一维数组和二维数组。

```
import numpy as np              #导入 numpy 库
arr1 = np.zeros(2)              #创建包含 2 个元素，其值都为 0 的一维数组
#输出一维数组 arr1
print('一维数组 arr1: \n', arr1)
arr2 = np.zeros((2, 3))         #创建元素值都为 0 的 2×3 的二维数组
#输出二维数组 arr2
print('二维数组 arr2: \n', arr2)
arr3 = np.ones(3)               #创建包含 3 个元素，其值都为 1 的一维数组
#输出一维数组 arr3
print('一维数组 arr3: \n', arr3)
arr4 = np.ones((3, 3))          #创建元素值都为 1 的 3×3 的二维数组
#输出二维数组 arr4
print('二维数组 arr4: \n', arr4)
arr5 = np.empty(4)              #创建未初始化的包含 4 个元素的一维数组
#输出一维数组 arr5
print('一维数组 arr5: \n', arr5)
#创建未初始化的 3×4 的二维整型数组
arr6 = np.empty((3, 4), dtype='int')
#输出二维整型数组 arr6
print('二维整型数组 arr6: \n', arr6)
```

【运行结果】 程序运行结果如图 2-2 所示。

```
一维数组arr1:
 [0. 0.]
二维数组arr2:
 [[0. 0. 0.]
 [0. 0. 0.]]
一维数组arr3:
 [1. 1. 1.]
二维数组arr4:
 [[1. 1. 1.]
 [1. 1. 1.]
 [1. 1. 1.]]
```

```
一维数组arr5:
 [1.78020576e-306 3.22649121e-307 2.78148153e-307 2.11392372e-307]
二维整型数组arr6:
 [[0 0 0 0]
 [0 0 0 0]
 [0 0 0 0]]
```

图 2-2 例 2-2 程序运行结果

【程序说明】 从图 2-2 可以看出，未初始化的数组 arr5 中的元素值都是随机的，而未初始化的数组 arr6 的数据类型设置为了“int”，所以数组元素值都为 0。

5. arange()函数

arange()函数用于在指定数值区间创建一个数组，类似 Python 的内置函数 range()，其一般格式如下。

```
numpy.arange(start, stop, step, dtype=None)
```

其中，start 表示起始值，默认为 0；stop 表示终止值（不含）；step 表示步长，默认为 1。例如：

```
arr = np.arange(1, 12, 3)      #创建[1,12)区间，步长为 3 的数组
```

6. linspace()函数

linspace()函数用于在指定数值区间创建一个等差数组，其一般格式如下。

```
numpy.linspace(start, stop, num=50, endpoint=True, retstep=False,
dtype=None)
```

其中，num 表示数值区间内等差的元素个数，默认为 50；endpoint 表示数组是否包含 stop 的值，如果为 True 则包含，否则不包含，默认为 True；retstep 表示数组中是否显示公差，如果为 True 则显示，否则不显示，默认为 False。例如：

```
#创建[0,10]区间，元素个数为 6 的等差数组
arr = np.linspace(0, 10, num=6)
```

7. logspace()函数

logspace()函数用于在指定数值区间创建一个等比数组，其一般格式如下。

```
numpy.logspace(start, stop, num=50, endpoint=True, base=10.0,
dtype=None)
```

其中，start 表示起始值的指数；stop 表示终止值的指数；base 表示对数函数的底数，默认为 10。例如：

```
#创建指数区间为[0,5)，元素个数为 5，底数为 10 的等比数组
arr = np.logspace(0, 5, num=5, endpoint=False)
```

【例 2-3】 创建成绩数组、身高等差数组和棋盘麦粒等比数组。

【问题分析】 成绩数组的区间为[0,150]，步长为 10；身高等差数组的区间为[1.5,2.5]，公差为 0.1（单位为 m），通过计算可得元素个数为 11；棋盘麦粒等比数组的指数区间为[0,63]，元素个数为 64，底数为 2。

【参考代码】

```
import numpy as np                                         #导入 numpy 库
#创建成绩数组 score
score = np.arange(0, 160, 10, dtype='int')
print('成绩数组 score: \n', score)                          #输出 score
#创建身高等差数组 height
height = np.linspace(1.5, 2.5, 11, retstep=True)
print('身高等差数组 height: \n', height)                    #输出 height
#创建棋盘麦粒等比数组 wheat
wheat = np.logspace(0, 63, 64, base=2, dtype='uint64')
print('棋盘麦粒等比数组 wheat: \n', wheat)                  #输出 wheat
```

【运行结果】 程序运行结果如图 2-3 所示。

```
成绩数组score:
 [  0  10  20  30  40  50  60  70  80  90 100 110 120 130 140 150]
身高等差数组height:
 (array([1.5, 1.6, 1.7, 1.8, 1.9, 2. , 2.1, 2.2, 2.3, 2.4, 2.5]), 0.1)
棋盘麦粒等比数组wheat:
 [                   1                    2                    4
                     8                   16                   32
                    64                  128                  256
                   512                 1024                 2048
                  4096                 8192                16384
                 32768                65536               131072
                262144               524288              1048576
               2097152              4194304              8388608
              16777216             33554432             67108864
             134217728            268435456            536870912
            1073741824           2147483648           4294967296
            8589934592          17179869184          34359738368
           68719476736         137438953472         274877906944
          549755813888        1099511627776        2199023255552
         4398046511104        8796093022208       17592186044416
        35184372088832       70368744177664      140737488355328
       281474976710656      562949953421312     1125899906842624
      2251799813685248     4503599627370496     9007199254740992
     18014398509481984    36028797018963968    72057594037927936
    144115188075855872   288230376151711744   576460752303423488
   1152921504606846976  2305843009213693952  4611686018427387904
   9223372036854775808]
```

图 2-3 例 2-3 程序运行结果

【程序说明】 使用 logspace()函数生成等比数组时，由于后面生成的数据太大，dtype 须设置为“uint64”类型，否则会出现溢出现象，输出重复的大负数。

知类通达

具有不同特点的数据可以使用不同的方法生成，正如在实际生活中，我们要使用创新思维，因时因事因地制宜。

“明者因时而变，知者随事而制。”生活从不眷顾因循守旧、满足现状者，从不等待不思进取、坐享其成者，而是将更多机遇留给善于和勇于创新的人们。提高创新思维能力，就是要有敢为人先的锐气，打破迷信经验、迷信本本、迷信权威的惯性思维，摒弃不合时宜的旧观念，以思想认识的新飞跃打开工作的新局面。

拓展阅读 

除上述函数外，NumPy 还提供了 rand()函数、randint()函数和 randn()函数用于生成随机数数组。

生成随机数数组

2.1.2 查看数组属性

NumPy 数组的基本属性如表 2-2 所示。

表 2-2 数组的基本属性

属 性	说 明
ndim	数组的维度
shape	数组的形状，返回一个元组(*m*,*n*)，表示 *m* 行 *n* 列
size	数组中元素的总个数，等于 shape 属性中元组元素值的乘积，即 $m \times n$
dtype	数组中元素的数据类型

【例 2-4】 查看数组的基本属性。

【参考代码】

```
import numpy as np                                    #导入 numpy 库
#创建 4×3 的整数数组
arr = np.array([[1, 2, 3], [4, 5, 6], [7, 8, 9], [10, 11, 12]])
print('4×3 的整数数组: \n', arr)                       #输出数组
print('数组的 ndim 属性: ', arr.ndim)                  #输出 ndim 属性
print('数组的 shape 属性: ', arr.shape)                #输出 shape 属性
```

```
print('数组的 size 属性: ', arr.size)              #输出 size 属性
print('数组的 dtype 属性: ', arr.dtype)            #输出 dtype 属性
```

【运行结果】 程序运行结果如图 2-4 所示。

```
4×3的整数数组:
 [[ 1  2  3]
 [ 4  5  6]
 [ 7  8  9]
 [10 11 12]]
数组的ndim属性:  2
数组的shape属性:  (4, 3)
数组的size属性:  12
数组的dtype属性:  int32
```

图 2-4 例 2-4 程序运行结果

2.1.3 数组的索引与切片

在 NumPy 中，如果想要访问或修改数组中的元素，可以采用索引或切片的方式。索引与切片的区别是索引只能获取单个元素，而切片可以获取一定范围的元素。

1. 一维数组的索引与切片

一维数组的索引与切片和列表类似，其一般格式如下。

```
array[index]                          #一维数组的索引
array[start:stop:step]                #一维数组的切片
```

其中，index 表示索引，从 0 开始；start 表示起始索引，默认为 0；stop 表示终止索引（不含）；step 表示索引步长，默认为 1，不能为 0。

例如，创建一维数组 arr = np.array([1, 2, 3, 4, 5, 6, 7, 8, 9])，使用索引和切片获取数组中元素的几种情况如下。

```
arr[2]    #获取索引为 2 的元素，结果为 3
arr[1:5]  #获取索引从 1 到 5（不含）的所有元素，结果为[2 3 4 5]
arr[:8:2] #获取索引从 0 到 8（不含）步长为 2 的所有元素，结果为[1 3 5 7]
arr[::3]  #获取索引从 0 到结束步长为 3 的所有元素，结果为[1 4 7]
```

2. 二维数组的索引与切片

二维数组包含行索引和列索引，在访问时，须使用逗号隔开，先访问行索引再访问列索引。二维数组的索引与切片的一般格式如下。

```
array[row_index, column_index]        #二维数组的索引
#二维数组的切片
```

```
array[row_start:row_stop:row_step,column_start:column_stop:column_step]
```

【例 2-5】 二维数组的索引与切片。

【参考代码】

```
import numpy as np                          #导入 numpy 库
arr = np.array([[1, 2, 3, 4], [5, 6, 7, 8], [9, 10, 11, 12]])
print('3×4 的数组: \n', arr)
print('第 1 行第 3 列的元素: ', arr[0, 2])
print('第 1～2 行第 2～3 列的元素: \n', arr[0:2, 1:3])
print('第 3 行、列步长为 2 的元素: ', arr[2, ::2])
print('行步长为 2、第 1～2 列的元素: \n', arr[::2, :2])
```

【运行结果】 程序运行结果如图 2-5 所示。

```
3×4的数组:
 [[ 1  2  3  4]
 [ 5  6  7  8]
 [ 9 10 11 12]]
第1行第3列的元素:  3
第1～2行第2～3列的元素:
 [[2 3]
 [6 7]]
第3行、列步长为2的元素:  [ 9 11]
行步长为2、第1～2列的元素:
 [[ 1  2]
 [ 9 10]]
```

图 2-5 例 2-5 程序运行结果

3. 高级索引

数组还能通过整数数组索引和布尔型索引获取数据。

1）整数数组索引

整数数组索引是指将整型数组作为索引，获取二维数组中的任意行或元素，按索引顺序返回新的数组。例如：

```
arr[[1, 0, 2]]                              #获取第 2、1 和 3 行的所有元素
#获取第 1 行第 2 列、第 2 行第 4 列、第 3 行第 3 列的元素
arr[[0, 1, 2], [1, 3, 2]]
```

上述代码中，将整数数组作为索引时，如“[1, 0, 2]”，分别获取索引数组中元素对应的行；将以逗号“,”分隔的整数数组作为索引时，如“[0, 1, 2], [1, 3, 2]”，可以将其组合得到(0, 1)、(1, 3)、(2, 2)，分别获取行、列索引对应位置的元素。

2）布尔型索引

布尔型索引是指将布尔表达式作为索引，获取数组中布尔表达式为 True 的位置对应的元素，返回新的一维数组。例如：

```
arr[arr == 5]                    #获取数组中等于 5 的所有元素
arr[arr > 5]                     #获取数组中大于 5 的所有元素
#获取数组中大于 5 且小于 10 的所有元素
arr[(arr > 5) & (arr < 10)]
#获取数组中大于等于 10 或小于等于 5 的所有元素
arr[(arr >= 10) | (arr <= 5)]
```

上述代码中，通过逻辑运算符（如“&”和“|”）和关系运算符（如“==”“!=”“>”“<”“>=”“<=”）组成布尔表达式，返回满足条件的所有元素。

【例 2-6】　数组的高级索引。

【参考代码】

```
import numpy as np                           #导入 numpy 库
#创建 3×4 的数组
arr = np.array([[110,120,90,80],[89,95,77,92],[60,79,96,80]])
print('3×4 的数组: \n', arr)
#输出使用整数数组索引选取的元素
print('第 3 行和第 1 行的元素: \n', arr[[2, 0]])
print('第 3 行第 2 列和第 1 行第 1 列的元素', arr[[2, 0],[1, 0]])
#输出使用布尔型索引选取的元素
print('大于 80 且小于等于 100 的所有元素:', arr[(arr > 80) & (arr <= 100)])
print('小于等于 80 的所有元素: ', arr[arr <= 80])
```

【运行结果】　程序运行结果如图 2-6 所示。

```
3×4的数组:
 [[110 120  90  80]
 [ 89  95  77  92]
 [ 60  79  96  80]]
第3行和第1行的元素:
 [[ 60  79  96  80]
 [110 120  90  80]]
第3行第2列和第1行第1列的元素:
 [ 79 110]
大于80且小于等于100的所有元素:  [90 89 95 92 96]
小于等于80的所有元素:  [80 77 60 79 80]
```

图 2-6　例 2-6 程序运行结果

2.1.4 数组的运算

1. 算术运算

相同形状的数组在进行算术运算时，即将数组中对应位置的元素值进行算术运算，如加（+）、减（−）、乘（*）、除（/）、幂（**）运算等。

【例 2-7】 数组的算术运算。

【参考代码】

```
import numpy as np                              #导入 numpy 库
#创建 2×3 的数组
arr1 = np.array([[10, 20, 30], [40, 50, 60]])
print('2×3 的数组 arr1: \n', arr1)
#创建 2×3 的数组
arr2 = np.array([[1, 2, 2], [2, 2, 3]])
print('2×3 的数组 arr2: \n', arr2)
print('arr1 与 arr2 的加法运算: \n', arr1 + arr2)
print('arr1 与 arr2 的减法运算: \n', arr1 - arr2)
print('arr1 与 arr2 的乘法运算: \n', arr1 * arr2)
print('arr1 与 arr2 的除法运算: \n', arr1 / arr2)
print('arr1 与 arr2 的幂运算: \n', arr1 ** arr2)
```

【运行结果】 程序运行结果如图 2-7 所示。

```
2×3的数组arr1:
 [[10 20 30]
 [40 50 60]]
2×3的数组arr2:
 [[1 2 2]
 [2 2 3]]
arr1与arr2的加法运算:
 [[11 22 32]
 [42 52 63]]
arr1与arr2的减法运算:
 [[ 9 18 28]
 [38 48 57]]
arr1与arr2的乘法运算:
 [[ 10  40  60]
 [ 80 100 180]]
arr1与arr2的除法运算:
 [[10. 10. 15.]
 [20. 25. 20.]]
arr1与arr2的幂运算:
 [[     10     400     900]
 [   1600    2500  216000]]
```

图 2-7 例 2-7 程序运行结果

2. 数组广播

NumPy 中的广播机制用于解决不同形状数组之间的算术运算问题，它是将形状较小的数组，在横向或纵向上进行一定次数的重复，使其形状与形状较大的数组相同。

【例 2-8】 数组广播。

【参考代码】

```
import numpy as np                          #导入 numpy 库
#创建 2×3 的数组
arr1 = np.array([[10, 20, 30], [40, 50, 60]])
arr2 = np.array([1, 2, 3])                  #创建 1×3 的数组
print('arr1 与 arr2 相加: \n', arr1 + arr2)
arr3 = np.array([[1], [2]])                 #创建 2×1 的数组
print('arr1 与 arr3 相加: \n', arr1 + arr3)
arr4 = np.array(5)                          #创建 1×1 的数组
print('arr1 与 arr4 相加: \n', arr1 + arr4)
```

【运行结果】 程序运行结果如图 2-8 所示。

```
arr1与arr2相加:
[[11 22 33]
[41 52 63]]
arr1与arr3相加:
[[11 21 31]
[42 52 62]]
arr1与arr4相加:
[[15 25 35]
[45 55 65]]
```

图 2-8 例 2-8 程序运行结果

【程序说明】 当 2×3 的数组 arr1 与 1×3 的数组 arr2 相加时，arr2 在纵向上重复 2 次，从而生成 2×3 的数组，再与 arr1 进行加法运算；当 arr1 与 2×1 的数组 arr3 相加时，arr3 在横向上重复 3 次，从而生成 2×3 的数组，再与 arr1 进行加法运算；当 arr1 与 1×1 的数组 arr4 相加时，arr4 在横向上重复 3 次、在纵向上重复 2 次，从而生成 2×3 的数组，再与 arr1 进行加法运算。

提 示

当形状较大数组的形状为 $m\times n$ 时，形状较小数组的形状须是 $m\times 1$、$1\times n$ 或 1×1。

3. 数组转置

数组转置是指将数组的行与列转换，即第 1 行变成第 1 列，第 2 行变成第 2 列，依次类

推，如 4×3 的数组转置为 3×4 的数组。在 NumPy 中，数组转置可以使用数组的 T 属性实现，其一般格式如下。

```
array2 = array1.T
```

4. 数组变形

数组变形就是改变数组的形状，如 2×6 的数组变为 3×4 的数组。需要注意的是，数组变形是基于数组元素不发生改变的情况下实现的，变形后数组元素的个数必须与原数组元素的个数相同，否则会出现错误。

在 NumPy 中，数组变形可以使用 reshape()函数实现，其一般格式如下。

```
array2 = array1.reshape(m, n)
```

其中，array1 表示原数组，array2 表示变形后的数组，*m* 和 *n* 表示变形后数组的行数和列数。

【例 2-9】 数组转置和变形。

【参考代码】

```
import numpy as np                              #导入 numpy 库
#随机生成[1,100)的 3×4 的数组
arr = np.random.randint(1, 100, size=(3, 4))
print('3×4 的原数组: \n', arr)
print('转置后 4×3 的数组: \n', arr.T)
print('变形后 2×6 的数组: \n', arr.reshape(2, 6))
```

【运行结果】 程序运行结果如图 2-9 所示。

```
3×4的原数组：
 [[33 46 64  3]
 [ 3 32 87 46]
 [88  7 25 53]]
转置后4×3的数组：
 [[33  3 88]
 [46 32  7]
 [64 87 25]
 [ 3 46 53]]
变形后2×6的数组：
 [[33 46 64  3  3 32]
 [87 46 88  7 25 53]]
```

图 2-9 例 2-9 程序运行结果

2.1.5 常用的数学运算函数

NumPy 提供了丰富的函数用于数学运算，包括算术运算函数、舍入函数、三角函数等，

如表 2-3 所示。

表 2-3 数学运算函数

函 数	说 明
add()、subtract()、multiply()、divide()、mod()	数组的加、减、乘、除、求余运算
abs()、sqrt()、square()	计算数组中各元素的绝对值、平方根、平方
log()、log2()、log10()	计算数组中各元素的以 e、2、10 为底的对数
power()	计算以第一个数组中的元素为底数，第二个数组中相应元素为指数的幂
reciprocal()	计算数组中各元素的倒数
around()、ceil()、floor()	计算数组中各元素指定小数位数的四舍五入值、向上取整值、向下取整值
sin()、cos()、tan()	计算数组中各元素的正弦值、余弦值和正切值，参数为弧度
sign()	获取数组中各元素的符号值，如 1（正号）、0、−1（负号）

【例 2-10】 数组的数学运算。

【参考代码】

```
import numpy as np
arr1 = np.random.randint(1, 10, size=(3, 3))
print('随机生成的二维整数数组 arr1: \n', arr1)
arr2 = np.random.randint(1, 10, size=3)
print('随机生成的一维整数数组 arr2: \n', arr2)
arr3 = np.random.rand(3, 3) * 10
print('随机生成的二维小数数组 arr3: \n', arr3)
print('arr1 和 arr2 相加: \n', np.add(arr1, arr2))
print('arr1 和 arr3 相乘: \n', np.multiply(arr1, arr3))
print('以 arr1 为底数，arr2 为指数的幂: \n', np.power(arr1, arr2,
dtype='int64'))
print('arr1 的倒数: \n', np.reciprocal(arr1, dtype='float'))
print('arr3 四舍五入，小数点后保留一位: \n', np.around(arr3,
decimals=1))
print('arr1 的余弦值: \n', np.cos(arr1 * np.pi / 180))
```

【运行结果】 程序运行结果如图 2-10 所示。

```
随机生成的二维整数数组arr1:
 [[8 9 2]
 [6 7 3]
 [8 8 9]]
随机生成的一维整数数组arr2:
 [4 4 9]
随机生成的二维小数数组arr3:
 [[9.60664883 3.69035312 4.62888385]
 [2.03445471 6.36530149 9.47669338]
 [0.78176926 5.88948126 9.54285668]]
arr1和arr2相加:
 [[12 13 11]
 [10 11 12]
 [12 12 18]]
arr1和arr3相乘:
 [[76.85319065 33.21317805  9.2577677 ]
 [12.20672824 44.55711042 28.43008015]
 [ 6.25415405 47.11585007 85.8857101 ]]
以arr1为底数，arr2为指数的幂:
 [[      4096       6561        512]
 [      1296       2401      19683]
 [      4096       4096 387420489]]
arr1的倒数:
 [[0.125      0.11111111 0.5       ]
 [0.16666667 0.14285714 0.33333333]
 [0.125      0.125      0.11111111]]
arr3四舍五入，小数点后保留一位:
 [[9.6 3.7 4.6]
 [2.  6.4 9.5]
 [0.8 5.9 9.5]]
arr1的余弦值:
 [[0.99026807 0.98768834 0.99939083]
 [0.9945219  0.99254615 0.99862953]
 [0.99026807 0.99026807 0.98768834]]
```

图 2-10　例 2-10 程序运行结果

【程序说明】　power()函数中，幂运算的结果数值很大，远远超过了默认的数据类型 int32 所能包含的最大整数，因此在计算时须设置数据类型为 int64；reciprocal()函数中，倒数计算的结果默认的数据类型也为 int32，而结果都为小于 1 的小数，因此在计算时须设置数据类型为 float；around()函数中，decimals 参数表示小数点后保留的位数；cos()函数中，将数组中的元素转化为弧度，pi 为 NumPy 中的常量。

2.2 Pandas 库

2.2.1 Pandas 的数据结构

Pandas（使用之前须安装）中有两个主要的数据结构：Series 对象和 DataFrame 对象。

1. Series 对象

Series 对象是一个类似一维数组的数据结构，可以存储整数、浮点数、字符串等。Series 对象的结构（见图 2-11）由一组索引和与之对应的数据组成，其中，索引默认为整数，从 0 开始。

索引	数据
0	1
1	4
2	7
3	10

图 2-11　Series 对象的结构

Pandas 使用 Series 类的构造函数 Series()来创建 Series 对象，其一般格式如下。

```
pandas.Series(data=None, index=None, dtype=None, copy=False)
```

其中，data 表示传入的数据，可以是列表、字典、数组等，如果默认，则创建一个空的 Series 对象；index 表示索引的标签，其长度必须与数据的长度相同；dtype 表示数据类型，与 NumPy 中的数据类型相同。

提　示 

使用 index 设置索引的标签相当于索引的命名，以便于阅读和理解，不影响默认的索引值。

【例 2-11】　使用列表、数组和字典创建 Series 对象。

【问题分析】　创建如图 2-11 的 Series 对象，并设置索引的标签分别为“a”“b”“c”“d”。

【参考代码】

```
import numpy as np                              #导入 numpy 库
import pandas as pd                             #导入 pandas 库
s1 = pd.Series([1, 4, 7, 10])
print('使用列表创建的 Series 对象 s1: \n', s1)
arr = np.array([1, 4, 7, 10])
```

```
s2 = pd.Series(arr, ['a', 'b', 'c', 'd'])
print('使用数组创建的 Series 对象 s2: \n', s2)
s3 = pd.Series({'a': 1, 'b': 4, 'c': 7, 'd': 10})
print('使用字典创建的 Series 对象 s3: \n', s3)
```

【运行结果】 程序运行结果如图 2-12 所示。

```
使用列表创建的Series对象s1:
 0      1
1      4
2      7
3     10
dtype: int64
使用数组创建的Series对象s2:
 a      1
b      4
c      7
d     10
dtype: int32
使用字典创建的Series对象s3:
 a      1
b      4
c      7
d     10
dtype: int64
```

图 2-12 例 2-11 程序运行结果

提 示

创建 Series 对象时，默认整数的数据类型为 int64，因此 s1 和 s3 中元素的数据类型为 int64；而使用数组创建 Series 对象时传入数组的数据类型，因此 s2 中元素的数据类型为 int32，即创建数组时默认整数的数据类型。

2．DataFrame 对象

DataFrame 对象

DataFrame 对象是一个类似二维数组的数据结构，每列是一个 Series 对象，不同的 Series 对象可以是不同的数据类型。DataFrame 对象的结构（见图 2-13）也是由索引与数据组成，不仅有行索引，还有列索引。

	c1	c2	c3
i1	1	2	3
i2	4	5	6
i3	7	8	9
i4	10	11	12

图 2-13 DataFrame 对象的结构

在图 2-13 中，“c1”“c2”“c3”为列标签，其对应的列索引为 0～2；“i1”“i2”“i3”“i4”为行标签，其对应的行索引为 0～3。

Pandas 使用 DataFrame 类的构造函数 DataFrame()来创建 DataFrame 对象，其一般格式如下。

```
pandas.DataFrame(data=None, index=None, columns=None, dtype=None)
```

其中，data 表示传入的数据，可以是列表、数组、字典、Series 对象等，如果默认，则创建一个空的 DataFrame 对象；index 和 columns 表示行标签和列标签，其长度必须与数据的行和列的长度相同；dtype 表示数据类型。

【例 2-12】 使用字典和 Series 对象创建 DataFrame 对象，数据结构如图 2-14 所示。

	语文	数学	英语
王蒙	110	120	105
李珊	95	110	108
赵胜	98	80	100
刘文	112	106	97

图 2-14 例 2-12 创建的 DataFrame 对象的结构

【参考代码】

```
import pandas as pd                          #导入 pandas 库
index = ['王蒙', '李珊', '赵胜', '刘文']     #定义行标签
columns = ['语文', '数学', '英语']           #定义列标签
#创建字典
dict = {'语文': [110, 95, 98, 112], '数学': [120, 110, 80, 106],
'英语': [105, 108, 100, 97]}
df1 = pd.DataFrame(dict, index)
print('使用字典创建的 DataFrame 对象 df1: \n', df1)
#创建 Series 对象
s1 = pd.Series([110, 120, 105], columns)
s2 = pd.Series([95, 110, 108], columns)
s3 = pd.Series([98, 80, 100], columns)
s4 = pd.Series([112, 106, 97], columns)
df2 = pd.DataFrame([s1, s2, s3, s4], index)
print('使用 Series 对象创建的 DataFrame 对象 df2: \n', df2)
```

【运行结果】 程序运行结果如图 2-15 所示。

```
使用字典创建的DataFrame对象df1:
       语文   数学   英语
王蒙  110  120  105
李珊   95  110  108
赵胜   98   80  100
刘文  112  106   97
使用Series对象创建的DataFrame对象df2:
       语文   数学   英语
王蒙  110  120  105
李珊   95  110  108
赵胜   98   80  100
刘文  112  106   97
```

图 2-15　例 2-12 程序运行结果

【程序说明】　使用字典创建 DataFrame 对象时，字典的值只能是一维序列或单个的简单数据类型，如果是一维序列，则所有一维序列的长度要与行数相同；如果是单个数据，则每行都添加相同的数据。例如，若 dict = {'语文': [110, 95, 98, 112], '数学': [120, 110, 80, 106], '英语': [105, 108, 100, 97], '班级': '高三（1）班'}，即增加“班级”列，值都为“高三（1）班”，如图 2-16 所示。使用 Series 对象创建 DataFrame 对象时，需要在创建 Series 对象时设置列标签。

```
使用字典创建的DataFrame对象df1:
       语文   数学   英语        班级
王蒙  110  120  105  高三（1）班
李珊   95  110  108  高三（1）班
赵胜   98   80  100  高三（1）班
刘文  112  106   97  高三（1）班
使用Series对象创建的DataFrame对象df2:
       语文   数学   英语
王蒙  110  120  105
李珊   95  110  108
赵胜   98   80  100
刘文  112  106   97
```

图 2-16　例 2-12 增加“班级”列后程序运行结果

提　示 

使用列表或数组创建 DataFrame 对象的方法与创建 Series 对象类似，只是传入二维列表或数组。

DataFrame 对象有很多属性和函数，其中常用的属性和函数如表 2-4 所示。

表 2-4 DataFrame 对象的常用属性和函数

属性/函数	说 明	示 例
values	查看所有元素的值	df.values
dtypes	查看所有元素的数据类型	df.dtypes
index	查看或设置所有行标签	df.index
columns	查看或设置所有列标签	df.columns
T	行列数据转置	df.T
head(n)	查看前 *n* 行数据，默认为 5	df.head()、df.head(3)
tail(n)	查看后 *n* 行数据，默认为 5	df.tail()、df.tail(3)
shape	查看行数和列数，返回一个元组(*m*,*n*)，*m* 为行数，*n* 为列数	df.shape
info	查看数据	df.info

下面以 DataFrame 对象为例讲解数据的相关操作。

2.2.2 数据的选取

扫一扫

数据的选取

在 DataFrame 中，可以按标签或索引选取数据。

1. 按标签选取数据

1）直接选取数据

DataFrame 对象可以直接使用列标签选取对应的列数据，其一般格式如下。

```
DataFrame[columns]
```

其中，columns 可以是单个列标签，表示选取单列数据；也可以是多个列标签组成的列表，表示选取多列数据。例如：

```
df['c1']                        #选取 c1 列数据
df[['c1', 'c3']]                #选取 c1 列和 c3 列数据
```

还可以直接切片选取数据，其一般格式如下。

```
DataFrame[columns][index]
```

其中，index 是连续的行标签，中间使用“:”隔开，切片方法与一维数组类似（区别是含右侧数据）。例如：

```
df['c1']['i1': 'i3']            #选取 i1 行到 i3 行（含）的 c1 列数据
```

提 示 

当选取单列数据时，还可以使用不连续的行标签选取指定行的数据。例如：

```
df['c1'][['i1', 'i3']]          #选取 i1 行和 i3 行的 c1 列数据
```

【例 2-13】 基于图 2-14 的数据结构，单列、多列和切片选取数据。

【参考代码】

```
import pandas as pd
list = [[110, 120, 105], [95, 110, 108], [98, 80, 100], [112, 106, 97]]
index = ['王蒙', '李珊', '赵胜', '刘文']
columns = ['语文', '数学', '英语']
df = pd.DataFrame(list, index, columns)
print('原始数据: \n', df)
print('选取所有学生的语文成绩: \n', df['语文'])
print('选取所有学生的语文和数学成绩: \n', df[['语文', '数学']])
print('选取王蒙到赵胜的语文和英语成绩: \n', df[['语文', '英语']]['王蒙':'赵胜'])
print('选取李珊及后面学生的所有成绩: \n', df[['语文', '数学', '英语']]['李珊':])
```

【运行结果】 程序运行结果如图 2-17 所示。

```
原始数据:
      语文   数学   英语
王蒙   110   120   105
李珊    95   110   108
赵胜    98    80   100
刘文   112   106    97
选取所有学生的语文成绩:
 王蒙    110
李珊     95
赵胜     98
刘文    112
Name: 语文, dtype: int64
选取所有学生的语文和数学成绩:
      语文   数学
王蒙   110   120
李珊    95   110
赵胜    98    80
刘文   112   106
选取王蒙到赵胜的语文和英语成绩:
      语文   英语
王蒙   110   105
李珊    95   108
赵胜    98   100
选取李珊及后面学生的所有成绩:
      语文   数学   英语
李珊    95   110   108
赵胜    98    80   100
刘文   112   106    97
```

图 2-17 例 2-13 程序运行结果

还可以通过布尔型索引按条件选取数据。例如，例 2-13 中选取语文成绩大于 100 且数学成绩大于 110 的学生的所有成绩，代码如下。

```
print('选取语文成绩大于 100 且数学成绩大于 110 的学生的所有成绩：\n',
df[(df['语文'] > 100) & (df['数学'] > 110)])
```

增加代码的运行结果如图 2-18 所示。

```
选取语文成绩大于100且数学成绩大于110的学生的所有成绩：
        语文   数学   英语
王蒙   110   120   105
```

图 2-18　例 2-13 增加代码的运行结果

2）使用 loc 选取数据

DataFrame 对象可以使用 loc 通过行标签选取对应的行数据，其一般格式如下。

```
DataFrame.loc[index]
```

其中，index 可以是单个行标签，表示选取单行数据；也可以是多个行标签组成的列表，表示选取多行数据；还可以是连续的行标签，中间使用“:”隔开。例如：

```
df.loc['i1']                    #选取 i1 行数据
df.loc[['i1', 'i3']]            #选取 i1 行和 i3 行数据
df.loc['i1': 'i3']              #选取 i1 行到 i3 行（含）数据
```

loc 也可以切片选取数据，其一般格式如下。

```
DataFrame.loc[index, columns]
```

columns 的取值与 index 相同。例如：

```
#选取 i1 行和 i3 行的 c1 列和 c2 列数据
df.loc[['i1', 'i3'], ['c1', 'c2']]
#选取 i1 行到 i3 行的 c1 列和 c3 列数据
df.loc['i1': 'i3', ['c1', 'c3']]
#选取 i1 行到 i3 行的 c1 列到 c3 列数据
df.loc['i1': 'i3', 'c1': 'c3']
```

【例 2-14】　基于图 2-14 的数据结构，使用 loc 选取 DataFrame 对象的数据。

【参考代码】

```
import pandas as pd
list = [[110, 120, 105], [95, 110, 108], [98, 80, 100], [112, 106, 97]]
index = ['王蒙', '李珊', '赵胜', '刘文']
columns = ['语文', '数学', '英语']
df = pd.DataFrame(list, index, columns)
print('原始数据：\n', df)
```

```
print('选取王蒙的所有成绩: \n', df.loc['王蒙'])
print('选取王蒙和刘文的所有成绩: \n', df.loc[['王蒙', '刘文']])
print('选取王蒙到赵胜的所有成绩: \n', df.loc['王蒙': '赵胜'])
print('选取王蒙和赵胜的语文和数学成绩: \n', df.loc[['王蒙', '赵胜'],
['语文', '数学']])
print('选取王蒙到赵胜的语文和英语成绩: \n', df.loc['王蒙': '赵胜',
['语文', '英语']])
```

【运行结果】 程序运行结果如图 2-19 所示。

```
原始数据:
      语文  数学  英语
王蒙  110  120  105
李珊   95  110  108
赵胜   98   80  100
刘文  112  106   97
选取王蒙的所有成绩:
 语文    110
数学    120
英语    105
Name: 王蒙, dtype: int64
选取王蒙和刘文的所有成绩:
      语文  数学  英语
王蒙  110  120  105
刘文  112  106   97
选取王蒙到赵胜的所有成绩:
      语文  数学  英语
王蒙  110  120  105
李珊   95  110  108
赵胜   98   80  100
选取王蒙和赵胜的语文和数学成绩:
      语文  数学
王蒙  110  120
赵胜   98   80
选取王蒙到赵胜的语文和英语成绩:
      语文  英语
王蒙  110  105
李珊   95  108
赵胜   98  100
```

图 2-19 例 2-14 程序运行结果

2. 按索引选取数据

DataFrame 对象可以使用 iloc 通过行索引选取对应的行数据，其一般语法格式如下。

```
DataFrame.iloc[index]
```

iloc 的使用方法与 loc 类似，不同的是参数为整数索引。还需要注意的是，使用“:”连接起始和终止索引时，不包含终止索引。

提 示

DataFrame 对象还可以使用列索引直接选取对应的列数据，其方法与使用列标签选取数据类似。

【例 2-15】 使用 iloc 实现例 2-14。

【参考代码】

```
import pandas as pd
list = [[110, 120, 105], [95, 110, 108], [98, 80, 100], [112, 106, 97]]
index = ['王蒙', '李珊', '赵胜', '刘文']
columns = ['语文', '数学', '英语']
df = pd.DataFrame(list, index, columns)
print('原始数据: \n', df)
print('选取王蒙的所有成绩: \n', df.iloc[0])
print('选取王蒙和刘文的所有成绩: \n', df.iloc[[0, 3]])
print('选取王蒙到赵胜的所有成绩: \n', df.iloc[0: 3])
print('选取王蒙和赵胜的语文和数学成绩: \n', df.iloc[[0, 2], [0, 1]])
print('选取王蒙到赵胜的语文和英语成绩: \n', df.iloc[0: 3, [0, 2]])
```

【运行结果】 程序运行结果如图 2-20 所示。

```
原始数据:
      语文   数学   英语
王蒙   110   120   105
李珊    95   110   108
赵胜    98    80   100
刘文   112   106    97
选取王蒙的所有成绩:
 语文     110
数学     120
英语     105
Name: 王蒙, dtype: int64
选取王蒙和刘文的所有成绩:
      语文   数学   英语
王蒙   110   120   105
刘文   112   106    97
```

```
选取王蒙到赵胜的所有成绩：
        语文   数学   英语
王蒙   110   120   105
李珊    95   110   108
赵胜    98    80   100
选取王蒙和赵胜的语文和数学成绩：
        语文   数学
王蒙   110   120
赵胜    98    80
选取王蒙到赵胜的语文和英语成绩：
        语文   英语
王蒙   110   105
李珊    95   108
赵胜    98   100
```

图 2-20　例 2-15 程序运行结果

还可以通过 iat 选取指定的数据，如 df.iat[0, 1]表示选取第 1 行第 2 列的数据。

2.2.3　数据的改、增、删

数据的改、增、删

本节主要介绍 DataFrame 中数据的操作，包括数据的修改、增加和删除。

1. 数据的修改

DataFrame 对象中数据的修改包括修改索引和数据。

1）修改索引

修改索引可以通过 DataFrame 对象的属性和函数两种方法实现。

（1）通过 index 和 columns 属性直接赋值实现，其一般格式如下。

```
DataFrame.index = index_new
DataFrame.columns = columns_new
```

其中，index_new 和 columns_new 表示修改后的行和列标签列表，它们的长度必须和行数和列数相同。例如：

```
df.index = ['index1', 'index2', 'index3']           #修改行标签
df.columns = ['column1', 'column2', 'column3']     #修改列标签
```

（2）通过 rename()函数实现，其一般格式如下。

```
DataFrame.rename(dict, axis='index', inplace=False)
```

其中，dict 表示字典，键为原标签，值为修改后的标签，可以设置一个或多个；axis 表示修改行标签或列标签，如果取“index”或 0 则修改行标签，如果取“columns”或 1 则修改列标签，默认为“index”；inplace 表示是否修改原 DataFrame 对象的标签，如果为 True 则修改，不返回一个新对象，如果为 False 则不修改，返回一个新对象，默认为 False。例如：

```
#将“i1”行标签修改为“index1”，并返回修改后的 DataFrame 对象
df1 = df.rename({'i1':'index1'})
#将原 DataFrame 对象的“c1”列标签修改为“column1”，
df.rename({'c1':'column1'}, axis='columns', inplace=True)
```

2）修改数据

修改数据即将选取的数据直接赋新值。新值如果为单个数据，则赋重复值，如果为列表、元组或数组等，则须与选取的数据形状相同。例如：

```
df['c1'] = 11                               #将 c1 列的数据都赋重复值 11
df['c1'] = [11, 44, 77, 1010]               #将 c1 列的数据赋值
df.loc['i1'] = [11, 22, 33]                 #将 i1 行的数据赋值
#将第 1 行和第 2 行的第 1 列和第 2 列的数据赋值
df.iloc[[0, 1], [0, 1]] = [[11, 22], [44, 55]]
```

【例 2-16】 基于图 2-14 的数据结构，实现数据的修改。

【参考代码】

```
import pandas as pd
list = [[110, 120, 105], [95, 110, 108], [98, 80, 100], [112, 106, 97]]
index = ['王蒙', '李珊', '赵胜', '刘文']
columns = ['语文', '数学', '英语']
df = pd.DataFrame(list, index, columns)
df1 = df.rename({'英语': '政治'}, axis='columns')
df1['政治'] = [85, 88, 70, 73]
print('原始数据: \n', df)
print('修改“英语”列为“政治”列后的数据: \n', df1)
```

【运行结果】 程序运行结果如图 2-21 所示。

```
原始数据:
      语文   数学   英语
王蒙   110   120   105
李珊    95   110   108
赵胜    98    80   100
刘文   112   106    97
修改“英语”列为“政治”列后的数据:
      语文   数学   政治
王蒙   110   120   85
李珊    95   110   88
赵胜    98    80   70
刘文   112   106   73
```

图 2-21 例 2-16 程序运行结果

2. 数据的增加

DataFrame 对象中数据的增加包括按列和按行增加数据。

1）按列增加数据

按列增加数据可以通过以下两种方法来实现。

（1）直接赋值，在 DataFrame 对象最后增加一列。此种方法最为简单，其一般格式如下。

```
DataFrame[column_new] = value
```

其中，column_new 表示增加列的标签，如果与已经存在的列标签相同，则会修改数据；value 表示增加的数据。value 可以为单个数据，表示增加重复值；也可以为列表、元组或数组等，其数据形状必须与原数据列相同。例如：

```
df['c4'] = 11                    #增加重复值的列
df['c5'] = [11, 12, 13, 14]      #增加列
```

（2）在指定位置插入一列。此种方法通过 insert()函数实现，其一般格式如下。

```
DataFrame.insert(loc, column, value, allow_duplicates=False)
```

其中，loc 表示第几列，取整数，从 0 开始；column 表示列标签；allow_duplicates 表示是否允许列标签重复，如果为 True 则允许，否则不允许，默认为 False。例如：

```
#在第 1 列插入标签为 c4 的列，且不允许列标签重复
df.insert(0, 'c4', 11, allow_duplicates=False)
#在第 1 列插入标签为 c1 的列，且允许列标签重复
df.insert(0, 'c1', [11, 12, 13, 14], allow_duplicates=True)
```

提 示 

allow_duplicates 为 False 时，如果列标签重复，程序会报错。

2）按行增加数据

按行增加数据是在 DataFrame 对象末尾增加一行，可以通过 loc 来实现增加一行数据，其一般格式如下。

```
DataFrame.loc[index_new] = value
```

其中，index_new 表示增加的行标签。此方法与通过直接赋值按列增加数据类似。例如：

```
df.loc['i5'] = 11
df.loc['i6'] = [11, 12, 13]
```

【例 2-17】 基于图 2-14 的数据结构，实现数据的增加。

【问题分析】 使用 loc 在 DataFrame 对象末尾增加一行“王琳”成绩，然后使用 insert()函数在第 3 列增加一列“政治”成绩。

【参考代码】

```
import pandas as pd
```

```
list = [[110, 120, 105], [95, 110, 108], [98, 80, 100], [112, 106, 97]]
index = ['王蒙', '李珊', '赵胜', '刘文']
columns = ['语文', '数学', '英语']
df = pd.DataFrame(list, index, columns)
print('原始数据: \n', df)
df.loc['王琳'] = [90, 100, 80]
print('增加“王琳”行后的数据: \n', df)
df.insert(2, '政治', [85, 88, 70, 73, 77])
print('再增加“政治”列后的数据: \n', df)
```

【运行结果】 程序运行结果如图 2-22 所示。

```
原始数据:
      语文   数学   英语
王蒙  110  120  105
李珊   95  110  108
赵胜   98   80  100
刘文  112  106   97
增加"王琳"行后的数据:
      语文   数学   英语
王蒙  110  120  105
李珊   95  110  108
赵胜   98   80  100
刘文  112  106   97
王琳   90  100   80
再增加"政治"列后的数据:
      语文   数学  政治   英语
王蒙  110  120  85  105
李珊   95  110  88  108
赵胜   98   80  70  100
刘文  112  106  73   97
王琳   90  100  77   80
```

图 2-22 例 2-17 程序运行结果

3. 数据的删除

DataFrame 对象中数据的删除主要通过 drop()函数实现，其一般格式如下。

```
DataFrame.drop(labels=None, axis=0, index=None, columns=None,
inplace=False)
```

其中，labels 表示行标签或列标签；axis 表示按行或列删除数据，如果为 0，则按行删除，如果为 1，则按列删除，默认为 0；index 表示行标签，即按行删除；columns 表示列标签，即按列删除；inplace 表示是否删除原 DataFrame 对象的数据，如果为 True，则删除，不返回一个新对象，如果为 False，则不删除，返回一个新对象，存储删除后的数据，默认为 False。例如：

```
#在原数据上删除 i1 行
df.drop(['i1'], inplace=True)
#删除 i1 行和 i2 行，返回新对象
df1 = df.drop(index=['i1', 'i2'])
#在原数据上删除 c1 列
df.drop('c1', axis=1, inplace=True)
#删除 c1 列和 c2 列，返回新对象
df2 = df.drop(columns=['c1', 'c2'])
```

【例 2-18】 基于图 2-14 的数据结构，实现数据的删除。

【问题分析】 删除“赵胜”行，然后删除“英语”列。

【参考代码】

```
import pandas as pd
list = [[110, 120, 105], [95, 110, 108], [98, 80, 100], [112, 106, 97]]
index = ['王蒙', '李珊', '赵胜', '刘文']
columns = ['语文', '数学', '英语']
df = pd.DataFrame(list, index, columns)
print('原始数据: \n', df)
df.drop(['赵胜'], inplace=True)
print('删除“赵胜”行后的数据: \n', df)
df = df.drop(columns=['英语'])
print('再删除“英语”列后的数据: \n', df)
```

【运行结果】 程序运行结果如图 2-23 所示。

```
原始数据:
      语文   数学   英语
王蒙  110  120  105
李珊   95  110  108
赵胜   98   80  100
刘文  112  106   97
删除“赵胜”行后的数据:
      语文   数学   英语
王蒙  110  120  105
李珊   95  110  108
刘文  112  106   97
再删除“英语”列后的数据:
      语文   数学
王蒙  110  120
李珊   95  110
刘文  112  106
```

图 2-23 例 2-18 程序运行结果

2.2.4 数据的保存与导入

针对不同的文件，Pandas 保存和导入数据的方式是不同的，下面主要介绍文本数据和 Excel 数据的保存与导入。

1. 保存和导入文本数据

文本文件由于结构简单，广泛用于存储信息。它一般使用 Tab 键、空格、逗号、分号等分隔符来分隔数据。常见的文本文件格式有 CSV 和 TXT，其中，CSV 文件是一种纯文本文件，默认的分隔符为逗号，可以使用任何文本编辑器进行编辑，它支持追加模式。

1）保存文本数据

to_csv()函数用于将 DataFrame 中的数据保存到文本文件中，其一般格式如下。

```
DataFrame.to_csv(filepath_or_buffer=None, sep=',', columns=None,
header=True, index=True, mode='w', encoding=None)
```

其中，filepath_or_buffer 表示文件路径，默认返回 CSV 格式的字符串；sep 表示分隔符，默认为“,”；columns 表示要保存列的标签，为列表，默认保存所有列；header 表示是否保存列标签，如果为 True 则保存列标签，否则不保存，默认为 True；index 表示是否保存行标签，使用方法与 header 类似；mode 表示写入文件模式，如“w”(写)、“a”(追加)等；encoding 表示编码方式，默认为 UTF-8。

例如，将 DataFrame 对象 df 中的数据保存到“test.csv”文件中，代码如下。

```
#将 df 中的数据保存到“test.csv”文件中，路径为当前工作目录
df.to_csv('test.csv')
#将 df 中数据的 c1 和 c2 列保存到“test.csv”文件中
df.to_csv('test.csv', columns=['c1', 'c2'])
```

2）导入文本数据

read_csv()函数用于从文本文件中导入数据，并返回一个 DataFrame 对象，其一般格式如下。

```
pandas.read_csv(filepath_or_buffer,  sep=',',  index_col=None,
encoding=None)
```

其中，index_col 表示指定行标签，如果为 0 则指定文件的第 1 列为行标签。

例如，从“test.csv”文件中导入数据，并将返回的 DataFrame 对象赋给 df，代码如下。

```
df = pd.read_csv('test.csv', index_col=0)
```

【例 2-19】 基于图 2-14 的数据结构，将数据保存到 CSV 文件中并导入。

【参考代码】

```
import pandas as pd                          #导入 pandas 库
data = [[110, 120, 105], [95, 110, 108], [98, 80, 100], [112, 106, 97]]
index = ['王蒙', '李珊', '赵胜', '刘文']
```

```
columns = ['语文', '数学', '英语']
df = pd.DataFrame(data, index, columns)
print('保存的数据: \n', df)
#将数据保存到 "Score.csv" 文件中, 并指定编码格式为 GBK
df.to_csv('Score.csv', encoding='GBK')
#从 "Score.csv" 文件中导入数据
df1 = pd.read_csv('Score.csv', index_col=0, encoding='GBK')
print('导入的数据: \n', df1)
```

【运行结果】 程序运行结果如图 2-24 所示。"Score.csv"文件的内容如图 2-25 所示。

```
保存的数据:
      语文   数学   英语
王蒙   110  120  105
李珊    95  110  108
赵胜    98   80  100
刘文   112  106   97
导入的数据:
      语文   数学   英语
王蒙   110  120  105
李珊    95  110  108
赵胜    98   80  100
刘文   112  106   97
```

图 2-24　例 2-19 程序运行结果

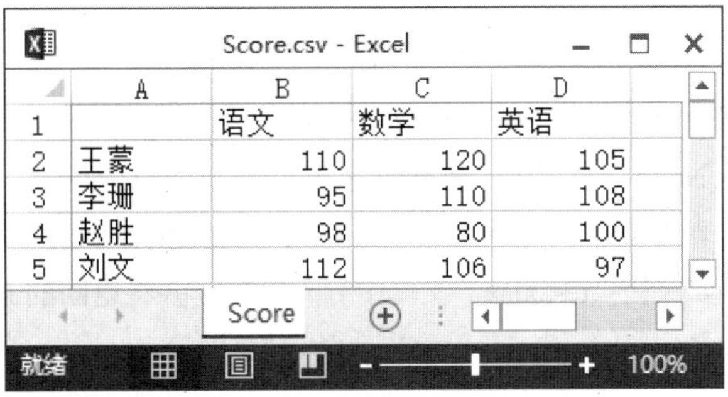

Score.csv - Excel

	A	B	C	D
1		语文	数学	英语
2	王蒙	110	120	105
3	李珊	95	110	108
4	赵胜	98	80	100
5	刘文	112	106	97

Score　就绪　100%

图 2-25　"Score.csv"文件的内容

提　示

为便于查看数据，此处使用 Excel 打开"Score.csv"文件。将数据保存到 CSV 文件时，默认的编码方式是 UTF-8，而 Excel 默认的编码方式是 GBK，为避免在使用 Excel 打开 CSV 文件时出现乱码问题，保存文本数据时使用 encoding 设置编码为 GBK。

2. 保存和导入 Excel 数据

保存和导入 Excel 数据

Excel 是比较常见的以二维表格存储数据的工具，它的文件扩展名有".xls"和".xlsx"两种，Pandas 同时支持这两种格式。

1）保存 Excel 数据

to_excel()函数用于将 DataFrame 中的数据保存到 Excel 文件中，其一般格式如下。

```
DataFrame.to_excel(excel_writer, sheet_name='Sheet1', na_sep='',
columns=None, header=True, index=True)
```

其中，excel_writer 表示文件路径或 ExcelWriter 对象；sheet_name 表示指定的工作表名，默认为"Sheet1"；na_sep 表示缺失数据的表示方式，默认为空；其他参数可参考 to_csv()函数。

如果将数据保存在 Excel 文件的一个工作表中，to_excel()函数的使用方法与 to_csv()函数类似；如果将数据保存在多个工作表中，则需要使用 ExcelWriter 对象。

例如，将 DataFrame 对象 df 中的数据分别保存到“test.xlsx”文件的“Sheet1”和“Sheet2”工作表中，代码如下。

```
writer = pd.ExcelWriter('test.xlsx')    #创建 ExcelWriter 对象
df.to_excel(writer)                     #将数据保存到默认的“Sheet1”中
#将数据保存到“Sheet2”中
df.to_excel(writer, sheet_name='Sheet2')
writer.save()                           #保存数据
```

2）导入 Excel 数据

read_excel()函数用于从 Excel 文件中导入数据，并返回一个 DataFrame 对象，其一般格式如下。

```
pandas.read_excel(io, sheet_name=0, index_col=None)
```

其中，io 表示文件路径或文件对象；sheet_name 表示指定的工作表名或索引（从 0 开始），可以为 None、字符串、整数、字符串列表或整数列表，默认为 0，当为列表时，表示导入多个工作表的数据，返回 DataFrame 对象组成的字典。

例如，从“test.xlsx”文件中导入数据，并将返回的 DataFrame 对象赋给 df，代码如下。

```
#导入“test.xlsx”文件中的数据
df = pd.read_excel('test.xlsx')
#导入“test.xlsx”文件的“Sheet2”工作表中的数据
df = pd.read_excel('test.xlsx', sheet_name='Sheet2')
#导入“test.xlsx”文件的第 1 个工作表和“Sheet2”工作表中的数据
df = pd.read_excel('test.xlsx', sheet_name=[0, 'Sheet2'])
```

【例 2-20】 基于图 2-14 的数据结构，将数据保存到 Excel 文件中并导入。

【问题分析】 首先将数据保存到“Score.xlsx”文件的“score1”工作表中；然后修改第 1 行数据为[105,118,100]，并将其保存到“score2”工作表中；最后导入两个工作表中的数据。

【参考代码】

```
import pandas as pd                        #导入 pandas 库
data = [[110, 120, 105], [95, 110, 108], [98, 80, 100], [112, 106, 97]]
index = ['王蒙', '李珊', '赵胜', '刘文']
columns = ['语文', '数学', '英语']
df = pd.DataFrame(data, index, columns)
print('保存到“score1”工作表中的数据：\n', df)
writer = pd.ExcelWriter('Score.xlsx')    #创建 ExcelWriter 对象
#将原始数据写入“score1”工作表中
```

```
df.to_excel(writer, sheet_name='score1')
df.iloc[0] = [105, 118, 100]                #修改第 1 行数据
print('保存到 "score2" 工作表中的数据: \n', df)
#将修改后的数据写入 "score2" 工作表中
df.to_excel(writer, sheet_name='score2')
writer.save()
#导入 "score1" 和 "score2" 工作表中的数据
df1 = pd.read_excel('Score.xlsx', sheet_name=['score1', 'score2'],
index_col=0)
print('导入的数据: \n', df1)
```

【运行结果】 程序运行结果如图 2-26 所示。“Score.xlsx”文件的“score1”和“score2”工作表的内容如图 2-27 所示。

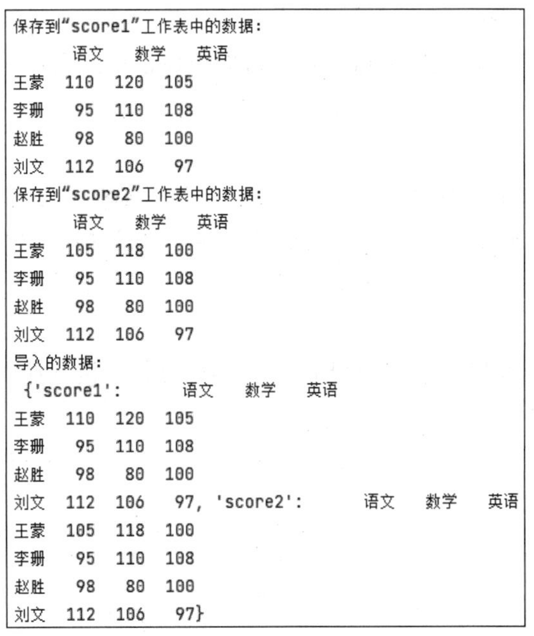

```
保存到"score1"工作表中的数据:
      语文   数学   英语
王蒙  110  120  105
李珊   95  110  108
赵胜   98   80  100
刘文  112  106   97
保存到"score2"工作表中的数据:
      语文   数学   英语
王蒙  105  118  100
李珊   95  110  108
赵胜   98   80  100
刘文  112  106   97
导入的数据:
 {'score1':       语文   数学   英语
王蒙  110  120  105
李珊   95  110  108
赵胜   98   80  100
刘文  112  106   97, 'score2':       语文   数学   英语
王蒙  105  118  100
李珊   95  110  108
赵胜   98   80  100
刘文  112  106   97}
```

图 2-26 例 2-20 程序运行结果

Score.xlsx - Excel

	A	B	C	D	E
1		语文	数学	英语	
2	王蒙	110	120	105	
3	李珊	95	110	108	
4	赵胜	98	80	100	
5	刘文	112	106	97	

score1

Score.xlsx - Excel

	A	B	C	D	E
1		语文	数学	英语	
2	王蒙	105	118	100	
3	李珊	95	110	108	
4	赵胜	98	80	100	
5	刘文	112	106	97	

score2

图 2-27 “Score.xlsx”文件的“score1”和“score2”工作表的内容

提 示

Python 操作 xlsx 格式的 Excel 文件时需要用到 openpyxl 库，操作 xls 格式的 Excel 文件时需要用到 xlwt 和 xlrd 库，因此保存和导入 Excel 数据时，应先安装 openpyxl 库或 xlwt 及 xlrd 库，但使用时无须导入。由于 xlwt 库已经停止维护，因此尽量避免操作 xls 格式的 Excel 文件。

典型案例——按行业分析城镇单位就业人员年平均工资

1. 案例内容

行业的平均工资，是一项反映各行业税前工资总体水平的指标。它不仅是制定各地区、各行业工资标准和进行劳动力成本核算的依据，也是征缴和支付各项社会保险的重要依据，还可作为赔偿制度的基础数据等。对求职者而言，各行业就业人员的平均工资也是他们选择哪个行业的重要参考指标。本案例将按行业分析城镇单位就业人员年平均工资。

提 示 

城镇单位是指城镇地区全部非私营法人单位，包括国有单位、城镇集体单位、联营单位、有限责任公司、股份有限公司、港澳台投资和外商投资等单位。

2. 案例分析

（1）导入“城镇单位就业人员年平均工资.xlsx”文件“按行业”工作表中的数据，内容如图 2-28 所示。

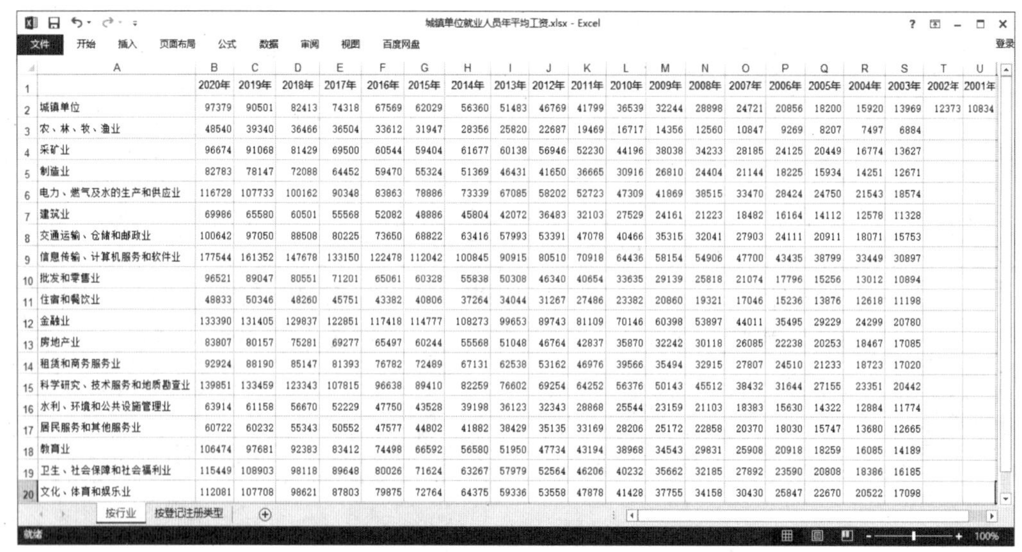

	A	B	C	D	E	F	G	H	I	J	K	L	M	N	O	P	Q	R	S	T	U
1		2020年	2019年	2018年	2017年	2016年	2015年	2014年	2013年	2012年	2011年	2010年	2009年	2008年	2007年	2006年	2005年	2004年	2003年	2002年	2001年
2	城镇单位	97379	90501	82413	74318	67569	62029	56360	51483	46769	41799	36539	32244	28898	24721	20856	18200	15920	13969	12373	10834
3	农、林、牧、渔业	48540	39340	36466	36504	33612	31947	28356	25820	22687	19469	16717	14356	12560	10847	9269	8207	7497	6884		
4	采矿业	96674	91068	81429	69500	60544	59404	61677	60138	56946	52230	44196	38038	34233	28185	24125	20449	16774	13627		
5	制造业	82783	78147	72088	64452	59470	55324	51369	46431	41650	36665	30916	26810	24404	21144	18225	15934	14251	12671		
6	电力、燃气及水的生产和供应业	116728	107733	100162	90348	83863	78886	73339	67085	58202	52723	47309	41869	38515	33470	28424	24750	21543	18574		
7	建筑业	69986	65580	60501	55568	52082	48886	45804	42072	36483	32103	27529	24161	21223	18482	16164	14112	12578	11328		
8	交通运输、仓储和邮政业	100642	97050	88508	80225	73650	68822	63416	57993	53391	47078	40466	35315	32041	27903	24111	20911	18071	15753		
9	信息传输、计算机服务和软件业	177544	161352	147678	133150	122478	112042	100845	90915	80510	70918	64436	58154	54906	47700	43435	38799	33449	30897		
10	批发和零售业	96521	89047	80551	71201	65061	60328	55838	50308	46340	40654	33635	29139	25818	21074	17796	15256	13012	10894		
11	住宿和餐饮业	48833	50346	48260	45751	43382	40806	37264	34044	31267	27486	23382	20860	19321	17046	15236	13876	12618	11198		
12	金融业	133390	131405	129837	122851	117418	114777	108273	99653	89743	81109	70146	60398	53897	44011	35495	29229	24299	20780		
13	房地产业	83807	80157	75281	69277	65497	60244	55568	51048	46764	42837	35870	32242	30118	26085	22238	20253	18467	17085		
14	租赁和商务服务业	92924	88190	85147	81393	76782	72489	67131	62538	53162	46976	39566	35494	32915	27807	24510	21233	18723	17020		
15	科学研究、技术服务和地质勘查业	139851	133459	123343	107815	96638	89410	82259	76602	69254	64252	56376	50143	45512	38432	31644	27155	23351	20442		
16	水利、环境和公共设施管理业	63914	61158	56670	52229	47750	43528	39198	36123	32343	28868	25544	23159	21103	18383	15630	14322	12884	11774		
17	居民服务和其他服务业	60722	60232	55343	50552	47577	44802	41882	38429	35135	33169	28206	25172	22858	20370	18030	15747	13680	12665		
18	教育业	106474	97681	92383	83412	74498	66592	56580	51950	47734	43194	38968	34543	29831	25908	20918	18259	16085	14189		
19	卫生、社会保障和社会福利业	115449	108903	98118	89648	80026	71624	63267	57979	52564	46206	40232	35662	32185	27892	23590	20808	18386	16185		
20	文化、体育和娱乐业	112081	107708	98621	87803	79875	72764	64375	59336	53558	47878	41428	37755	34158	30430	25847	22670	20522	17098		

图 2-28 “按行业”工作表的内容

（2）使用 drop()函数删除“城镇单位”行的数据，以及“2001 年”和“2002 年”列的数据。

（3）使用 iloc 选取 2016—2020 年的数据。

（4）使用 loc 选取 2016—2020 年教育业和房地产业的平均工资并输出。

（5）使用 loc 和布尔型索引选取 2020 年平均工资大于 120 000 和小于 50 000 的行业并输出。

3. 案例实施

【参考代码】

```
import pandas as pd
pd.set_option('display.unicode.east_asian_width', True)
df = pd.read_excel('城镇单位就业人员年平均工资.xlsx', sheet_name='按行业', index_col=0)
df.drop('城镇单位', inplace=True)
df.drop(columns=['2001 年', '2002 年'], inplace=True)
print('删除数据后的城镇单位就业人员年平均工资: \n', df)
df1 = df.iloc[:, 0:5]
print('教育业和房地产业 2016—2020 年的平均工资: \n', df1.loc[['教育业', '房地产业']])
print('2020 年平均工资大于 120000 的行业:\n', df1.loc[df1['2020 年'] > 120000])
print('2020 年平均工资小于 50000 的行业: \n', df1.loc[df1['2020 年'] < 50000])
```

【运行结果】 程序运行结果如图 2-29 所示。

```
删除数据后的城镇单位就业人员年平均工资:
                              2020年   2019年   2018年  ...  2005年  2004年  2003年
农、林、牧、渔业                 48540    39340    36466  ...   8207    7497    6884
采矿业                           96674    91068    81429  ...  20449   16774   13627
制造业                           82783    78147    72088  ...  15934   14251   12671
电力、燃气及水的生产和供应业    116728   107733   100162  ...  24750   21543   18574
建筑业                           69986    65580    60501  ...  14112   12578   11328
交通运输、仓储和邮政业          100642    97050    88508  ...  20911   18071   15753
信息传输、计算机服务和软件业    177544   161352   147678  ...  38799   33449   30897
批发和零售业                     96521    89047    80551  ...  15256   13012   10894
住宿和餐饮业                     48833    50346    48260  ...  13876   12618   11198
金融业                          133390   131405   129837  ...  29229   24299   20780
房地产业                         83807    80157    75281  ...  20253   18467   17085
租赁和商务服务业                 92924    88190    85147  ...  21233   18723   17020
```

```
科学研究、技术服务和地质勘查业  139851  133459  123343  ...   27155   23351   20442
水利、环境和公共设施管理业       63914   61158   56670  ...   14322   12884   11774
居民服务和其他服务业             60722   60232   55343  ...   15747   13680   12665
教育业                         106474   97681   92383  ...   18259   16085   14189
卫生、社会保障和社会福利业      115449  108903   98118  ...   20808   18386   16185
文化、体育和娱乐业              112081  107708   98621  ...   22670   20522   17098
公共管理和社会组织              104487   94369   87932  ...   20234   17372   15355

[19 rows x 18 columns]
教育业和房地产业2016-2020年的平均工资:
         2020年  2019年  2018年  2017年  2016年
教育业    106474   97681   92383   83412   74498
房地产业   83807   80157   75281   69277   65497
2020年平均工资大于120000的行业:
                         2020年   2019年   2018年   2017年   2016年
信息传输、计算机服务和软件业   177544  161352  147678  133150  122478
金融业                      133390  131405  129837  122851  117418
科学研究、技术服务和地质勘查业  139851  133459  123343  107815   96638
2020年平均工资小于50000的行业:
              2020年  2019年  2018年  2017年  2016年
农、林、牧、渔业   48540   39340   36466   36504   33612
住宿和餐饮业      48833   50346   48260   45751   43382
```

图 2-29 “按行业分析城镇单位就业人员年平均工资”程序运行结果

【结果分析】 从教育业和房地产业 2016—2020 年的平均工资可以看出，这 5 年两个行业城镇单位的平均工资都在增长，但教育业的涨幅比较明显。2020 年平均工资大于 120 000 的行业有信息传输、计算机服务和软件业，金融业，科学研究、技术服务和地质勘查业；2020 年平均工资小于 50 000 的行业有农、林、牧、渔业，以及住宿和餐饮业。从这两项数据可以看出，行业之间平均工资差距较大，信息传输、计算机服务和软件业最高，住宿和餐饮业最低，除了住宿和餐饮业，其他行业都有不同程度的增长。

课堂实训 2

1．实训目标

（1）练习导入 Excel 文件中的数据，以及将数据保存到 Excel 文件中。

（2）练习使用 Pandas 删除和增加数据。

2．实训内容

（1）导入“城镇单位就业人员年平均工资.xlsx”文件“按登记注册类型”工作表中的数

据，内容如图 2-30 所示。

城镇单位就业人员年平均工资.xlsx - Excel

	A	B	C	D	E	F	G	H	I	J	K	L	M	N	O	P	Q	R	S	T	U
1		2020年	2019年	2018年	2017年	2016年	2015年	2014年	2013年	2012年	2011年	2010年	2009年	2008年	2007年	2006年	2005年	2004年	2003年	2002年	2001年
2	国有单位	108132	98899	89474	81114	72538	65296	57296	52657	48357	43483	38359	34130	30287	26100	21706	18978	16445	14358	12701	11045
3	城镇集体单位	68590	62612	60664	55243	50527	46607	42742	38905	33784	28791	24010	20607	18103	15444	12866	11176	9723	8627	7636	6851
4	股份合作单位	83655	81058	77751	71871	65962	60369	54806	48657	43433	36740	30271	25020	21497	17613	15190	13808	11710	10558	9498	8446
5	联营单位	88584	75220	72107	61467	53455	50733	49078	43973	42083	36142	33939	29474	27576	23746	19883	17476	15218	13556	12438	11882
6	有限责任公司	84439	79515	72114	63895	58490	54481	50942	46718	41860	37611	32799	28692	26198	22343	19366	17010	15103	13358	11994	11024
7	股份有限公司	108583	103087	93316	85028	78285	72644	67421	61145	56254	49978	44118	38417	34026	28587	24383	20272	18136	15738	13815	12333
8	其他单位	71772	71329	61666	54417	49759	46945	42224	38306	34694	29961	25253	21633	19591	16280	13262	11230	10211	10670	10444	11888
9	港、澳、台商投资单位	100155	91304	82027	73016	67506	62017	55935	49961	44103	38341	31983	28090	26083	22593	19678	17833	16237	15155	14197	12959
10	数据来源：国家统计局																				

按行业　按登记注册类型

图 2-30　“按登记注册类型”工作表的内容

（2）删除“数据来源：国家统计局”行的数据。

（3）在最后增加一行数据，数据为 2001—2020 年外商投资单位就业人员的年平均工资列表[112089, 106604, 99367, 90064, 82902, 76302, 69826, 63171, 55888, 48869, 41739, 37101, 34250, 29594, 26552, 23625, 22250, 21016, 19409, 17553]。

（4）将修改后的数据保存到“按登记注册类型城镇单位就业人员年平均工资.xlsx”文件中。

本章考核 2

1．选择题

（1）下列程序中，创建一个 3×3 数组的是（　　）。

A．np.array([1, 2, 3])

B．np.array([[1, 2, 3], [4, 5, 6]])

C．np.array([[1, 2], [3, 4]])

D．np.ones((3, 3))

（2）下列描述中正确的是（　　）。

A．ones()函数创建初始值都为 1 的数组

B．empty()函数创建初始值都为 0 的数组

C．linspace()函数在指定数值区间创建一个等比数组

D．logspace()函数在指定数值区间创建一个等差数组

（3）请阅读下列程序：

```
import numpy as np
arr = np.array([[11, 22, 13], [14, 25, 16], [27, 18, 9]])
print(arr[1, :1])
```

执行上述程序后，输出结果为（　　）。

A．[14]　　B．[25]

C．[14, 25]　　D．[22, 25]

（4）下列关于数组广播的说法，错误的是（　　）。

A．所得数组的形状是参与计算数组的各个维度的最大值

B．形状较小的数组在横向或纵向上进行一定次数的重复

C．3×4 的数组和 1×4 的数组相加时，1×4 的数组在横向上重复 3 次

D．3×4 的数组和 1×4 的数组相加时，1×4 的数组在纵向上重复 3 次

（5）DataFrame 对象中查看前 5 行数据的方法是（　　）。

A．df.head(0:5)　　B．df.head(5)

C．df.head(4)　　D．df.iloc[:4, :]

（6）代码 df.iloc([3:7, 1:5])表示（　　）。

A．选取 df 中第 4 到第 7 行的第 2 列到第 5 列的数据

B．选取 df 中第 4 到第 8 行的第 2 列到第 6 列的数据

C．选取 df 中第 3 到第 7 行的第 1 列到第 5 列的数据

D．选取 df 中第 3 到第 8 行的第 1 列到第 6 列的数据

（7）修改 DataFrame 对象 df 第 3 行的数据为重复值 10 的方法是（　　）。

A．df.loc[3] = 10　　B．df.iloc[3] = 10

C．df.loc[2] = 10　　D．df.iloc[2] = 10

（8）请阅读下列程序：

```
import pandas as pd
df = pd.DataFrame([[1, 2], [3, 4], [5, 6], [7, 8]])
df.index = ['a', 'b', 'c', 'd']
df.columns = ['1', '2']
df.insert(1, '3', [9, 10, 11, 12])
df.drop('c', inplace=True)
print(df.iat[1, 2])
```

执行上述程序后，输出结果为（　　）。

A．4　　B．9

C．2　　D．10

（9）CSV 文件默认的分隔符是（　　）。

A．Tab 键　　B．逗号

C．分号　　D．冒号

（10）将 DataFrame 对象 df 中的数据保存到“1.xlsx”文件中的方法是（　　）。

A．df.to_csv('1.xlsx')　　B．pd.to_csv('1.xlsx')

C．df.to_excel('1.xlsx')　　D．pd.to_excel('1.xlsx')

2．填空题

（1）Pandas 中主要有两个数据结构，分别为＿＿＿＿＿和＿＿＿＿＿。

（2）Series 结构由＿＿＿＿＿和＿＿＿＿＿组成。

（3）查看 DataFrame 对象 df 行数和列数的方法是＿＿＿＿＿。

（4）获取 DataFrame 对象 df 行标签和列标签的方法分别是＿＿＿＿＿和＿＿＿＿＿。

（5）执行下列程序，输出结果为＿＿＿＿＿＿＿。

```
import numpy as np
arr = np.arange(6).reshape(2, 3)
print(arr)
```

（6）执行下列程序，输出结果为＿＿＿＿＿＿＿。

```
import numpy as np
arr = np.array([[1, 2, 3], [4, 5, 6], [7, 8, 9]])
print(arr[:2, 1:])
print(arr[1, :2])
print(arr[:2, 2])
print(arr[:, :1])
```

（7）执行下列程序，输出结果为＿＿＿＿＿＿＿。

```
import numpy as np
arr1 = np.array([[0], [1], [2]])
arr2 = np.array([1, 2, 3])
print(arr1 + arr2)
```

（8）执行下列程序，输出结果为＿＿＿＿＿＿＿。

```
import pandas as pd
df = pd.DataFrame([[1, 2, 3], [4, 5, 6], [7, 8, 9]])
df.rename({0: 'a', 1: 'b', 2: 'c'}, axis=1, inplace=True)
df.insert(1, 'd', [10, 11, 12])
print(df)
```

（9）执行下列程序，输出结果为______________。

```
import pandas as pd
df = pd.DataFrame([[1, 2, 3], [4, 5, 6], [7, 8, 9]])
df.iloc[:2, 1:3] = 10
df.iat[1, 2] = 11
print(df)
```

（10）执行下列程序，输出结果为______________。

```
import pandas as pd
df = pd.DataFrame([[1, 2, 3], [4, 5, 6], [7, 8, 9]])
df.columns = ['a', 'b', 'c']
df.index = ['k', 'm', 'n']
df.insert(1, 'd', 10)
df.loc['i'] = [11, 12, 13, 14]
df.drop(['k'], inplace=True)
print(df)
```

3．实践题

（1）创建一个表示国际象棋棋盘的 8×8 数组，其中，棋盘白格用 0 表示，棋盘黑格用 1 表示。国际象棋棋盘如图 2-31 所示。

图 2-31　国际象棋棋盘

（2）已知员工通讯录如表 2-5 所示。

表 2-5　员工通讯录

姓　名	职　务	基本工资	联系方式
赵文	主管	8000	152××××9852
李蒙	副主管	7000	150××××5820
刘武	员工	5000	136××××8962
何花	员工	5500	131××××9860

① 创建一个 DataFrame 对象，存储员工信息。

② 增加一行信息，内容为[李华,员工,5200,136××××235]。

③ 在第 2 列增加性别列，内容为[女,男,男,女,女]。

④ 将刘武的职务修改为“副主管”。

⑤ 输出所有员工信息，然后再单独输出主管或副主管的信息。

⑥ 将员工信息保存到 CSV 文件中。

第3章

Pandas 数据预处理

本章导读

在数据分析中，前期获取的数据或多或少存在一些不足，如数据缺失、数据重复、数据格式不统一等，此时就需要对数据进行补充、去重、统一格式等预处理操作。此外，很多时候还需要根据需求将数据进行合并、分组、聚合等预处理操作。如何对数据进行预处理，提高数据质量，是数据分析中最基础的问题。

学习目标

- 掌握处理缺失值和重复值的方法。
- 掌握数据横向和纵向合并的方法。
- 掌握数据聚合和分组的方法。
- 掌握字符型数据编码和连续数据离散化的方法。
- 掌握时间信息转换和提取的方法。
- 能对数据进行清洗、合并、聚合与分组、编码与离散化等预处理操作。

素质目标

- 养成分析问题、事前做好准备的良好习惯。
- 强化身体健康安全意识，敬畏生命、珍惜生命。

3.1 数据的清洗

在数据分析中，常见的数据清洗有缺失值的处理、重复值的处理和异常值的处理等。

3.1.1 缺失值的处理

缺失值的处理

缺失值是指数据集中某个或某些值是不完整的，它会导致数据样本信息减少，不仅增加了数据分析的难度，还会使数据分析的结果产生偏差。

1. 检查缺失值

Pandas 提供了 isnull()函数和 notnull()函数用于检查缺失值(NaN)，它们的一般格式如下。

```
DataFrame.isnull()
DataFrame.notnull()
```

使用 isnull()函数检查缺失值时，缺失值位置返回 True，非缺失值位置返回 False；而 notnull()函数正好相反，缺失值位置返回 False，非缺失值位置返回 True。

此外，isnull()函数和 notnull()函数还可以结合 sum()函数，统计数据中每列的缺失值个数。

【例 3-1】 检查缺失值及统计其个数。

【参考代码】

```
import pandas as pd
df = pd.DataFrame({'商品': ['苹果', '香蕉', '梨'],
                   '单价(元)': [5, 5, 4],
                   '销量(kg)': [100, None, None],
                   '库存(kg)': [50, None, 70]})
print('原始数据: \n', df)
print('检查缺失值: \n', df.isnull())
print('检查非缺失值: \n', df.notnull())
print('统计每列缺失值的个数: \n', df.isnull().sum())
```

【运行结果】 程序运行结果如图 3-1 所示。

```
原始数据:
   商品  单价(元)  销量(kg)  库存(kg)
0  苹果      5   100.0    50.0
1  香蕉      5     NaN     NaN
2   梨      4     NaN    70.0
```

```
检查缺失值:
       商品   单价(元)   销量(kg)   库存(kg)
0  False  False   False   False
1  False  False    True    True
2  False  False    True   False
检查非缺失值:
      商品   单价(元)   销量(kg)   库存(kg)
0  True   True    True    True
1  True   True   False   False
2  True   True   False    True
统计每列缺失值的个数:
 商品        0
单价(元)      0
销量(kg)     2
库存(kg)     1
dtype: int64
```

图 3-1　例 3-1 程序运行结果

【程序说明】　Pandas 中，缺失值默认的数据类型为浮点型，包含缺失值的列中整型数据会自动转换为浮点型。因此，不包含缺失值的单价列中数据仍为整型，而包含缺失值的销量列和库存列中数据变成了浮点型。

2. 处理缺失值

Pandas 提供了 dropna()函数和 fillna()函数用于处理缺失值。

1）dropna()函数

dropna()函数用于删除包含缺失值的行或列，其一般格式如下。

```
DataFrame.dropna(axis=0, how='any', thresh=None, subset=None,
inplace=False)
```

（1）axis 表示删除行或列，如果取 0 或“index”，表示删除包含缺失值的行；如果取 1 或“columns”，表示删除包含缺失值的列；默认为 0。

（2）how 表示删除的标准，如果取“any”，表示删除包含缺失值的行或列；如果取“all”，表示删除所有值都为缺失值的行或列；默认为“any”。

（3）thresh 表示非缺失值个数的最小要求。例如，thresh 为 2 时，删除少于两个非缺失值的行或列。

（4）subset 表示列索引或标签列表，删除指定列包含缺失值的行。

（5）inplace 表示是否在原数据上删除，如果为 True 则直接在原数据上删除；如果为 False 则不在原数据上删除，返回一个新对象；默认为 False。

【例 3-2】　删除缺失值。

【参考代码】

```
import pandas as pd
df = pd.DataFrame({'商品': ['苹果', '香蕉', '梨'],
```

```
                    '单价(元)': [5, 5, 4],
                    '销量(kg)': [100, None, None],
                    '库存(kg)': [50, None, 70]})
print('原始数据: \n', df)
print('删除包含缺失值的行: \n', df.dropna())
print('删除包含缺失值的列: \n', df.dropna(axis=1))
print('删除少于 3 个非缺失值的行: \n', df.dropna(thresh=3))
print('删除库存列包含缺失值的行:\n', df.dropna(subset=['库存(kg)']))
```

【运行结果】 程序运行结果如图 3-2 所示。

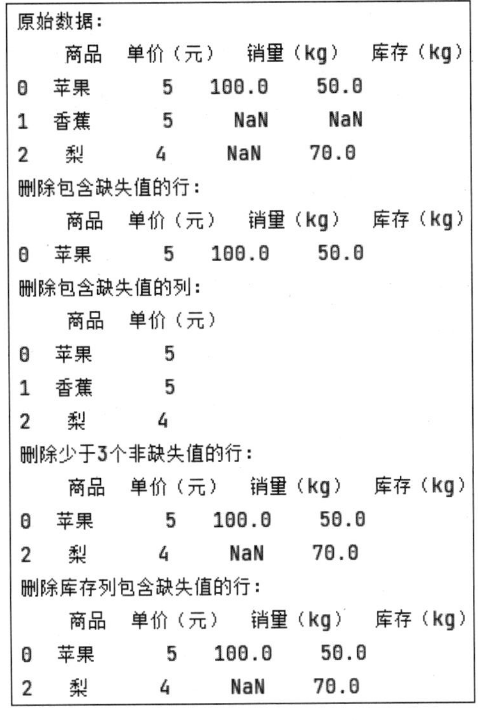

```
原始数据:
    商品  单价(元)  销量(kg)  库存(kg)
0  苹果      5   100.0    50.0
1  香蕉      5     NaN     NaN
2   梨      4     NaN    70.0
删除包含缺失值的行:
    商品  单价(元)  销量(kg)  库存(kg)
0  苹果      5   100.0    50.0
删除包含缺失值的列:
    商品  单价(元)
0  苹果      5
1  香蕉      5
2   梨      4
删除少于3个非缺失值的行:
    商品  单价(元)  销量(kg)  库存(kg)
0  苹果      5   100.0    50.0
2   梨      4     NaN    70.0
删除库存列包含缺失值的行:
    商品  单价(元)  销量(kg)  库存(kg)
0  苹果      5   100.0    50.0
2   梨      4     NaN    70.0
```

图 3-2 例 3-2 程序运行结果

2）fillna()函数

fillna()函数用于替换缺失值，其一般格式如下。

```
DataFrame.fillna(value=None, method=None, inplace=False)
```

（1）value 表示用于替换的数据，可以是单个数值，表示将所有的缺失值都替换为 value；也可以是字典，字典的键为列标签，字典的值为替换的数据，表示将指定列的缺失值替换为字典的值。

（2）method 表示替换方式，如果是“pad”或“ffill”，表示使用每列第一个缺失值前面的非缺失值替换该列的所有缺失值；如果是“backfill”或“bfill”，表示使用每列最后一个缺失值后面的非缺失值替换该列的所有缺失值。

（3）inplace 同样表示是否在原数据上替换。

此处需要特别注意的是，value 参数和 method 参数不能同时使用。

【例 3-3】 替换缺失值。

【参考代码】

```
import pandas as pd
df = pd.DataFrame({'商品': ['苹果', '香蕉', '梨'],
                   '单价（元）': [5, 5, 4],
                   '销量（kg）': [100, None, None],
                   '库存（kg）': [50, None, 70]})
print('原始数据: \n', df)
print('使用 120 替换所有缺失值: \n', df.fillna(120))
print('使用 120、60 分别替换销量、库存列的缺失值: \n', df.fillna({'销
量（kg）': 120, '库存（kg）': 60}))
print('使用每列第一个缺失值前面的非缺失值替换该列的所有缺失值: \n',
df.fillna(method='ffill'))
print('使用每列最后一个缺失值后面的非缺失值替换该列的所有缺失值: \n',
df.fillna(method='bfill'))
```

【运行结果】 程序运行结果如图 3-3 所示。

```
原始数据:
   商品  单价（元）  销量（kg）  库存（kg）
0  苹果      5    100.0     50.0
1  香蕉      5      NaN      NaN
2   梨      4      NaN     70.0
使用120替换所有缺失值:
   商品  单价（元）  销量（kg）  库存（kg）
0  苹果      5    100.0     50.0
1  香蕉      5    120.0    120.0
2   梨      4    120.0     70.0
使用120、60分别替换销量、库存列的缺失值:
   商品  单价（元）  销量（kg）  库存（kg）
0  苹果      5    100.0     50.0
1  香蕉      5    120.0     60.0
2   梨      4    120.0     70.0
使用每列第一个缺失值前面的非缺失值替换该列的所有缺失值:
   商品  单价（元）  销量（kg）  库存（kg）
0  苹果      5    100.0     50.0
1  香蕉      5    100.0     50.0
2   梨      4    100.0     70.0
使用每列最后一个缺失值后面的非缺失值替换该列的所有缺失值:
   商品  单价（元）  销量（kg）  库存（kg）
0  苹果      5    100.0     50.0
1  香蕉      5      NaN     70.0
2   梨      4      NaN     70.0
```

图 3-3 例 3-3 程序运行结果

【程序说明】 第 3 次替换时，销量列的第一个缺失值前面的数据为 100，所以该列使用 100 替换所有缺失值，库存列同理使用 50 替换缺失值。第 4 次替换时，销量列最后一个缺失值后面没有数据，所以该列不进行替换，而库存列的最后一个缺失值后面的数据为 70，所以该列使用 70 替换所有缺失值。

3.1.2 重复值的处理

重复值的处理

重复值是指数据集中重复的数据，它会导致数据的方差变小，数据的分布发生较大变化。

1. 检查重复值

Pandas 提供了 duplicated()函数用于检查重复值，其一般格式如下。

```
DataFrame.duplicated(subset=None, keep='first')
```

（1）subset 表示要检查重复值的列标签，可以是单个列标签或列标签列表，默认检查所有列。

（2）keep 表示检查方式，如果取“first”，除包含重复值第一行外，其他包含重复值的行标记为 True；如果取“last”，除包含重复值的最后一行外，其他包含重复值的行标记为 True；如果取 False，所有包含重复值的行标记为 True；默认为“first”。

该函数返回一个由布尔值组成的 Series 对象，它的行索引或标签不变，数据则为标记的布尔值。

同样，duplicated()函数也可以结合 sum()函数，统计数据的重复值个数。

【例 3-4】 检查重复值。

【参考代码】

```
import pandas as pd
df = pd.DataFrame({'商品': ['苹果', '香蕉', '梨', '香蕉'],
                   '单价（元）': [4, 5, 4, 5],
                   '销量（kg）': [100, 120, 105, 120],
                   '库存（kg）': [50, 60, 70, 60]})
print('原始数据: \n', df)
print('检查所有列的重复值: \n', df.duplicated())
print('检查单价列的重复值，标记除包含重复值的第一行外其他包含重复值的行为
True: \n', df.duplicated('单价（元）'))
print('检查单价列的重复值，标记除包含重复值的最后一行外其他包含重复值的行
为 True: \n', df.duplicated('单价（元）', keep='last'))
print('检查单价列的重复值，标记所有包含重复值的行为 True: \n',
df.duplicated('单价（元）', keep=False))
```

【运行结果】 程序运行结果如图 3-4 所示。

```
原始数据:
    商品  单价(元)  销量(kg)  库存(kg)
0  苹果      4     100      50
1  香蕉      5     120      60
2   梨      4     105      70
3  香蕉      5     120      60
检查所有列的重复值:
 0    False
1    False
2    False
3     True
dtype: bool
检查单价列的重复值,标记除包含重复值的第一行外其他包含重复值的行为True:
 0    False
1    False
2     True
3     True
dtype: bool
检查单价列的重复值,标记除包含重复值的最后一行外其他包含重复值的行为True:
 0     True
1     True
2    False
3    False
dtype: bool
检查单价列的重复值,标记所有包含重复值的行为True:
 0    True
1    True
2    True
3    True
dtype: bool
```

图 3-4 例 3-4 程序运行结果

2. 删除重复值

Pandas 提供了 drop_duplicates()函数用于删除重复值,其一般格式如下。

```
DataFrame.drop_duplicates(subset=None, keep='first', inplace=False,
ignore_index=False)
```

该函数的使用方法与 duplicated()函数类似,用于删除检查重复值时标记为 True 的行。其中,ignore_index 表示是否忽略原行索引或标签,如果为 True 则重新设置从 0 开始的整数索引,如果为 False 则保留原行索引或标签,默认为 False。

【例 3-5】 删除重复值。

【参考代码】

```
import pandas as pd
```

```
    df = pd.DataFrame({'商品': ['苹果', '香蕉', '梨', '香蕉'],
                      '单价（元）': [4, 5, 4, 5],
                      '销量（kg）': [100, 120, 105, 120],
                      '库存（kg）': [50, 60, 70, 60]})
    print('原始数据: \n', df)
    print('删除单价列除包含重复值的第一行外其他包含重复值的行: \n',
df.drop_duplicates('单价（元）'))
    print('删除单价列除包含重复值的最后一行外其他包含重复值的行: \n',
df.drop_duplicates('单价（元）', keep='last'))
    print('删除除完全重复的第一行外其他完全重复的行: \n',
df.drop_duplicates())
    print('删除所有完全重复的行: \n', df.drop_duplicates(keep=False))
    print('删除所有完全重复的行，并重新设置连续行索引: \n',
df.drop_duplicates(keep=False, ignore_index=True))
```

【运行结果】 程序运行结果如图 3-5 所示。

```
原始数据:
    商品  单价（元）  销量（kg）  库存（kg）
0  苹果      4      100      50
1  香蕉      5      120      60
2   梨      4      105      70
3  香蕉      5      120      60
删除单价列除包含重复值的第一行外其他包含重复值的行:
    商品  单价（元）  销量（kg）  库存（kg）
0  苹果      4      100      50
1  香蕉      5      120      60
删除单价列除包含重复值的最后一行外其他包含重复值的行:
    商品  单价（元）  销量（kg）  库存（kg）
2   梨      4      105      70
3  香蕉      5      120      60
删除除完全重复的第一行外其他完全重复的行:
    商品  单价（元）  销量（kg）  库存（kg）
0  苹果      4      100      50
1  香蕉      5      120      60
2   梨      4      105      70
删除所有完全重复的行:
    商品  单价（元）  销量（kg）  库存（kg）
0  苹果      4      100      50
2   梨      4      105      70
删除所有完全重复的行，并重新设置连续行索引:
    商品  单价（元）  销量（kg）  库存（kg）
0  苹果      4      100      50
1   梨      4      105      70
```

图 3-5 例 3-5 程序运行结果

3.1.3 异常值的处理

异常值是指超出或低于正常范围的值，如年龄为负数、身高大于 3 m 等，它会导致分析结果产生偏差甚至错误。

检查异常值通常可以使用箱形图，它真实、直观地呈现了数据的分布情况，且对数据没有任何限制。箱形图通过上限和下限作为数据分布的边界，任何高于上限或低于下限的数据都可以认为是异常值，如图 3-6 所示。

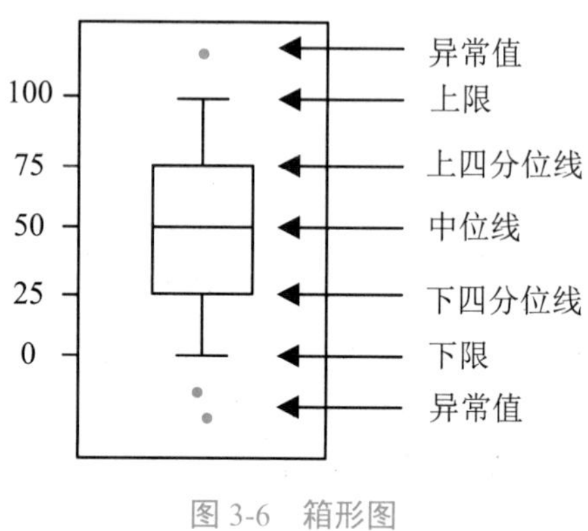

图 3-6 箱形图

有关箱形图的介绍及如何通过箱形图检查异常值可参见第 5 章的内容。检查到异常值后，可对异常值进行删除或替换处理。

3.2 数据的合并

在数据分析中，常常需要对多个数据集按照指定的规则进行横向或纵向合并。

3.2.1 数据的横向合并

Pandas 提供了 merge()函数，用于数据的横向合并，它将两个至少具有一个相同列索引或标签的 DataFrame 对象进行合并，其一般格式如下。

```
pandas.merge(right, how='inner', on, sort=False, suffixes=('_x','_y'))
```

（1）right 表示合并的对象，可以是 DataFrame 对象。

（2）how 表示合并的方式，可以取“left”（左合并）、“right”（右合并）、“inner”（内合并）或“outer”（外合并），默认为“inner”。

（3）on 表示两个对象中相同的列标签，将该列作为连接列，默认以所有具有相同标签的列作为连接列。

（4）sort 表示是否对合并结果按连接列进行排序，如果为 True 则排序，否则不排序，默认为 False。

（5）suffixes 表示合并后除连接列外其他相同列标签的附加后缀，为一个元组，默认为('_x', '_y')。

在进行数据的横向合并时，合并后的列标签是两个对象所有的列标签，行标签由 how 参数的取值决定。

【例 3-6】 数据的横向合并。

【参考代码】

```
import numpy as np
import pandas as pd
arr = np.arange(1, 10).reshape(3, 3)
df1 = pd.DataFrame(arr, columns=['a', 'b', 'c'])
df1.insert(0, 'key', ['001', '003', '002'])
print('左对象原始数据 df1: \n', df1)
arr2 = np.arange(10, 14).reshape(2, 2)
df2 = pd.DataFrame(arr2, columns=['a', 'e'])
df2.insert(0, 'key', ['001', '004'])
print('右对象原始数据 df2: \n', df2)
df3 = pd.merge(df1, df2, how='left')
print('以具有相同标签的所有列左合并的数据 df3: \n', df3)
df4 = pd.merge(df1, df2, how='left', on='key')
print('以 key 列左合并的数据 df4: \n', df4)
df5 = pd.merge(df1, df2, how='right', on='key')
print('以 key 列右合并的数据 df5: \n',  df5)
df6 = pd.merge(df1, df2, how='inner', on='key', suffixes=('_l',
'_r'))
print('以 key 列内合并，并设置附加后缀的数据 df6: \n', df6)
df7 = pd.merge(df1, df2, how='outer', on='key', sort=True)
print('以 key 列外合并，并按连接列排序的数据 df7: \n', df7)
```

【运行结果】 程序运行结果如图 3-7 所示。

```
左对象原始数据df1:
   key  a  b  c
0  001  1  2  3
1  003  4  5  6
2  002  7  8  9
右对象原始数据df2:
   key   a   e
0  001  10  11
1  004  12  13
```

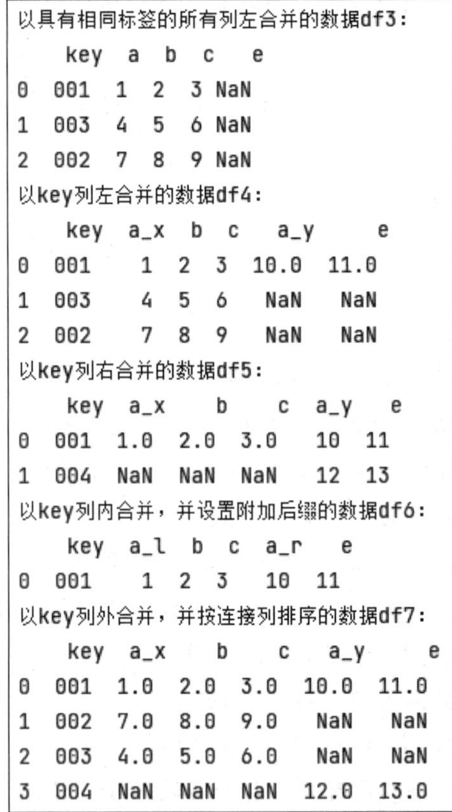

```
以具有相同标签的所有列左合并的数据df3:
   key  a  b  c   e
0  001  1  2  3 NaN
1  003  4  5  6 NaN
2  002  7  8  9 NaN
以key列左合并的数据df4:
   key  a_x  b  c   a_y     e
0  001    1  2  3  10.0  11.0
1  003    4  5  6   NaN   NaN
2  002    7  8  9   NaN   NaN
以key列右合并的数据df5:
   key  a_x    b    c  a_y   e
0  001  1.0  2.0  3.0   10  11
1  004  NaN  NaN  NaN   12  13
以key列内合并，并设置附加后缀的数据df6:
   key  a_l  b  c  a_r   e
0  001    1  2  3   10  11
以key列外合并，并按连接列排序的数据df7:
   key  a_x    b    c   a_y     e
0  001  1.0  2.0  3.0  10.0  11.0
1  002  7.0  8.0  9.0   NaN   NaN
2  003  4.0  5.0  6.0   NaN   NaN
3  004  NaN  NaN  NaN  12.0  13.0
```

图 3-7　例 3-6 程序运行结果

【程序说明】　左对象 df1 和右对象 df2 中，有两个相同的列标签“key”和“a”。

（1）以具有相同标签的所有列左合并时，由于 df1 和 df2 具有相同标签的列没有完全相同的行，故 df3 只使用 df1 的行索引和数据，df1 中不包含的列则以 NaN 填充，如“e”列。

（2）以 key 列左合并时，由于 df1 和 df2 都有“key”为“001”的行，故 df4 使用 df1 的行索引和数据，以及 df2 中对应行的数据，相同的其他列以附加后缀区分，如“a_x”和“a_y”列，df2 不包含“key”为“003”和“002”对应行的数据，“a_y”和“e”列以 NaN 填充。

（3）以 key 列右合并时，合并方式与 df4 类似，区别是以 df2 的行索引和数据为主。

（4）以 key 列内合并时，df6 只包含 df1 和 df2 的 key 列中具有相同数据的行，如 df1 和 df2 的 key 列中都包含的数据“001”。

（5）以 key 列外合并时，df7 包含 df1 和 df2 所有数据，对应位置不存在的数据以 NaN 填充，并设置 sort 参数为 True，按 key 列排序。

3.2.2　数据的纵向合并

Pandas 提供了 concat()函数用于沿某个特定的轴执行合并操作，其一般格式如下。

```
pandas.concat(objs, axis=0, join='outer', ignore_index=False,
keys=None, sort=False)
```

（1）objs 表示合并的对象列表，可以是 Series 对象或 DataFrame 对象。

（2）axis 表示合并轴的方向，取 0 或“index”表示纵向，取 1 或“columns”表示横向，默认为 0。

数据的纵向合并

（3）join 表示合并的方式，可以取“outer”（外合并）或“inner”（内合并），默认为“outer”。

（4）keys 表示标记合并的每个对象。

（5）sort 表示是否对合并结果按列索引或标签进行排序，如果为 True 则排序，否则不排序，默认为 False。

【例 3-7】 数据的纵向合并。

【参考代码】

```
import numpy as np
import pandas as pd
arr1 = np.arange(1, 10).reshape(3, 3)
df1 = pd.DataFrame(arr1, columns=['a', 'b', 'c'])
df1.insert(0, 'key', ['001', '003', '002'])
print('第一个对象原始数据 df1: \n', df1)
arr2 = np.arange(10, 14).reshape(2, 2)
df2 = pd.DataFrame(arr2, columns=['a', 'e'])
df2.insert(0, 'key', ['001', '004'])
print('第二个对象原始数据 df2: \n', df2)
df3 = pd.concat([df1, df2])
print('纵向外合并的数据 df3: \n', df3)
df4 = pd.concat([df1, df2], keys=['df1', 'df2'], sort=True)
print('纵向外合并，标记每个对象，并按列标签排序的数据 df4: \n', df4)
df5 = pd.concat([df1, df2], join='inner', ignore_index=True)
print('纵向内合并并重新设置连续行标签的数据 df5: \n', df5)
```

【运行结果】 程序运行结果如图 3-8 所示。

```
第一个对象原始数据df1:
   key  a  b  c
0  001  1  2  3
1  003  4  5  6
2  002  7  8  9
第二个对象原始数据df2:
   key   a   e
0  001  10  11
1  004  12  13
```

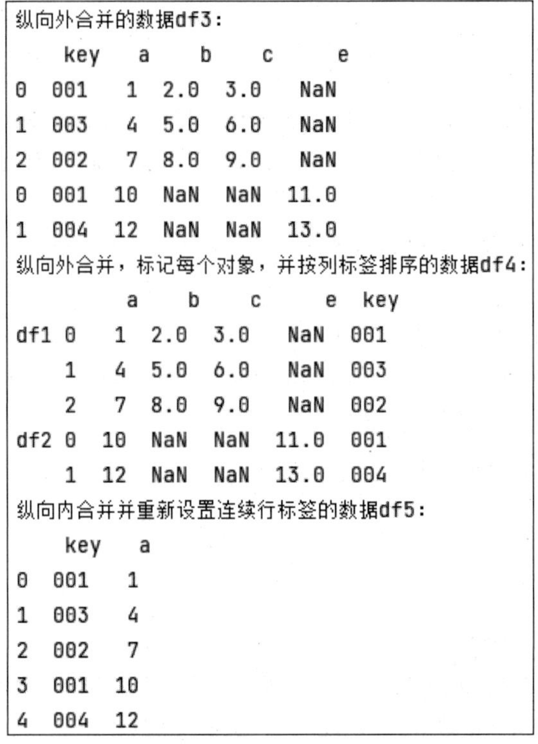

```
纵向外合并的数据df3:
   key   a    b    c     e
0  001   1  2.0  3.0   NaN
1  003   4  5.0  6.0   NaN
2  002   7  8.0  9.0   NaN
0  001  10  NaN  NaN  11.0
1  004  12  NaN  NaN  13.0
纵向外合并，标记每个对象，并按列标签排序的数据df4:
         a    b    c     e  key
df1 0    1  2.0  3.0   NaN  001
    1    4  5.0  6.0   NaN  003
    2    7  8.0  9.0   NaN  002
df2 0   10  NaN  NaN  11.0  001
    1   12  NaN  NaN  13.0  004
纵向内合并并重新设置连续行标签的数据df5:
   key   a
0  001   1
1  003   4
2  002   7
3  001  10
4  004  12
```

图 3-8　例 3-7 程序运行结果

【程序说明】　数据纵向合并的方式只有外合并和内合并，当设置为外合并时，包含合并对象的所有数据，如 df3 和 df4；当设置为内合并时，只包含具有相同列索引或标签的数据，如 df5。

【例 3-8】　合并“1—3 月入职员工信息.xlsx”文件的数据，内容如图 3-9 所示。

	A	B	C	D	E
1		姓名	职务	基本工资	联系方式
2	1	赵文	主管	8000	152××××9852
3	2	刘武	副主管	5000	136××××8962
4	3	何花	员工	5500	131××××9860

1月

（a）

	A	B	C	D	E	F	G
1		姓名	职务	基本工资	联系方式	性别	学历
2	1	李蒙	副主管	7000	150××××5820	男	硕士
3	2	刘珊	员工	5500	138××××2235	女	本科

1月　2月　3月

（b）

	A	B	C	D	E	F	G
1		姓名	职务	基本工资	联系方式	性别	学历
2	1	李华	员工	5200	136××××1235	女	本科
3	2	张明明	员工	5500	133××××5623	男	硕士

1月　2月　3月

（c）

	A	B	C	D
1		姓名	性别	学历
2	1	赵文	男	硕士
3	2	刘武	男	本科
4	3	何花	女	本科

1月员工补充信息

（d）

图 3-9　“1—3 月入职员工信息.xlsx”文件的内容

【问题分析】　从图 3-9 可以看出，1 月入职员工缺少性别和学历信息，因此可首先将“1 月”和“1 月员工补充信息”工作表中的数据进行横向合并，然后与“2 月”“3 月”工作表中的数据进行纵向合并。

【参考代码】

```
import pandas as pd
pd.set_option('display.unicode.east_asian_width', True)
#读取“1—3月入职员工信息.xlsx”文件4个工作表的数据
df = pd.read_excel('1—3 月入职员工信息.xlsx', index_col=0,
sheet_name=['1月', '2月', '3月', '1月员工补充信息'])
print('原始数据: \n', df)
#获取1月入职员工信息及其补充信息
df1_1, df1_2 = df['1月'], df['1月员工补充信息']
df2, df3 = df['2月'], df['3月']       #获取2月和3月入职员工信息
df1 = pd.merge(df1_1, df1_2) #横向合并1月入职员工信息及其补充信息
#纵向合并1月、2月和3月入职员工信息
df_total = pd.concat([df1, df2, df3], ignore_index=True)
print('1—3月入职员工信息: \n', df_total)
```

【运行结果】 程序运行结果如图3-10所示。

```
原始数据:
 {'1月':   姓名    职务  基本工资    联系方式
1  赵文    主管    8000  152××××9852
2  刘武  副主管    5000  136××××8962
3  何花    员工    5500  131××××9860, '2月':    姓名    职务  基本工资    联系方式 性别  学历
1  李蒙  副主管    7000  150××××5820   男   硕士
2  刘珊    员工    5500  138××××2235   女   本科, '3月':    姓名  职务  基本工资    联系方式 性别  学历
1    李华  员工    5200  136××××1235   女   本科
2  张明明  员工    5500  133××××5623   男   硕士, '1月员工补充信息':   姓名 性别  学历
1  赵文   男   硕士
2  刘武   男   本科
3  何花   女   本科}
1-3月入职员工信息:
      姓名    职务  基本工资    联系方式 性别  学历
0    赵文    主管    8000  152××××9852   男   硕士
1    刘武  副主管    5000  136××××8962   男   本科
2    何花    员工    5500  131××××9860   女   本科
3    李蒙  副主管    7000  150××××5820   男   硕士
4    刘珊    员工    5500  138××××2235   女   本科
5    李华    员工    5200  136××××1235   女   本科
6  张明明    员工    5500  133××××5623   男   硕士
```

图3-10 例3-8程序运行结果

提 示 

由于中文显示问题，Pandas 提供了 set_option('display.unicode.east_asian_width', True)函数使列标签和数据基本对齐。

3.3 数据的聚合与分组

数据的聚合和分组是数据分析中比较常见的操作，聚合是指对数据执行某些汇总操作，如求和、求平均值等；分组是指根据特定的条件将原数据划分为多个组。

数据的聚合与分组

3.3.1 数据的聚合

Pandas 提供了 agg()函数，用于数据的聚合，其一般格式如下。

```
DataFrame.agg(func, axis=0)
```

其中，func 表示汇总数据的函数，可以为单个函数或函数列表；axis 表示函数作用轴的方向，取 0 或“index”表示将函数应用到列，取 1 或“columns”表示将函数应用到行，默认为 0。

此处需要注意的是，func 既可以是 Pandas 中的内置函数，也可以是自定义函数。并且，这些函数既可以应用到每一列或行，也可以将多个函数应用到同一列或行，还可以将不同函数应用到不同的列或行。

【例 3-9】 数据的聚合。

【参考代码】

```
import numpy as np
import pandas as pd
arr = np.random.randint(1, 20, size=(3, 3))
df = pd.DataFrame(arr, columns=['a', 'b', 'c'])
print('原始数据: \n', df)
print('每列求和聚合: \n', df.agg('sum'))
print('每列同时求和及平均值聚合: \n', df.agg(['sum', 'mean']))
def rang(arr):                    #定义函数求极差，即最大值和最小值的差
    return arr.max() - arr.min()
print('各行分别求和、平均值和极差聚合:\n', df.agg({0: 'sum', 1: 'mean',
2: rang}, axis=1))
```

【运行结果】 程序运行结果如图 3-11 所示。

```
原始数据:
    a   b   c
0   1   3   6
1  13   8   6
2  13  12  14
```

```
每列求和聚合：
 a    27
b    23
c    26
dtype: int64
每列同时求和及平均值聚合：
          a          b          c
sum    27.0  23.000000  26.000000
mean    9.0   7.666667   8.666667
各行分别求和、平均值和极差聚合：
 0    10.0
1     9.0
2     2.0
dtype: float64
```

图 3-11 例 3-9 程序运行结果

3.3.2 数据的分组

Pandas 提供了 groupby()函数，用于数据的分组，其一般格式如下。

```
DataFrame.groupby(by=None, axis=0, sort=True)
```

其中，by 表示分组条件，通常取列标签或字典；axis 表示分组轴的方向，取 0 或“index”表示按行分组，取 1 或“columns”表示按列分组，默认为 0；sort 表示是否对分组标签进行排序，如果为 True 则排序，否则不排序，默认为 True。如果 by 为列标签，则将该列中数据相同的行分为一组；如果 by 为字典，则将设置为相同分组标签的列分为一组，此时 axis 应设置为 1。

该函数返回一个 DataFrameGroupBy 对象，它是一个可迭代的对象，可以通过循环语句查看每一组的数据，还可以根据分组标签通过 get_group()函数获取对应组的数据。

【例 3-10】 数据的分组和聚合。

【参考代码】

```
import pandas as pd
pd.set_option('display.unicode.east_asian_width', True)
df = pd.DataFrame({'班级': ['一班', '一班', '一班', '二班', '二班', '二班'],
                   '姓名': ['刘武', '王振', '赵胜', '赵霞', '方芳', '齐婷'],
                   '语文': [85, 102, 96, 126, 130, 135],
                   '数学': [100, 90, 124, 123, 140, 109],
                   '英语': [83, 110, 123, 103, 135, 90]})
print('原始数据: \n', df)
group1 = df.groupby('班级')
print('以班级列按行分组: ')
```

```
    for i in group1:                          #循环输出分组结果
        print(i)
    print('分组后一班的数据：\n', group1.get_group('一班'))
    print('每个班每个科目的平均成绩：\n', group1.agg('mean', 
numeric_only=True))
    group2 = df.groupby({'语文': '总成绩', '数学': '总成绩', '英语': 
'总成绩'}, axis=1)
    print('以列标签按列分组：')
    for i in group2:                          #循环输出分组结果
        print(i)
    df['总成绩'] = group2.agg('sum')   #按行求和聚合计算每个学生的总成绩
    print('添加总成绩后的数据：\n', df)
```

【运行结果】　程序运行结果如图 3-12 所示。

```
原始数据：
    班级  姓名   语文   数学   英语
0   一班  刘武    85   100    83
1   一班  王振   102    90   110
2   一班  赵胜    96   124   123
3   二班  赵霞   126   123   103
4   二班  方芳   130   140   135
5   二班  齐婷   135   109    90
以班级列按行分组：
('一班',      班级  姓名   语文   数学   英语
0   一班  刘武    85   100    83
1   一班  王振   102    90   110
2   一班  赵胜    96   124   123)
('二班',      班级  姓名   语文   数学   英语
3   二班  赵霞   126   123   103
4   二班  方芳   130   140   135
5   二班  齐婷   135   109    90)
分组后一班的数据：
    班级  姓名   语文   数学   英语
0   一班  刘武    85   100    83
1   一班  王振   102    90   110
2   一班  赵胜    96   124   123
每个班每个科目的平均成绩：
              语文          数学          英语
班级
一班    94.333333  104.666667  105.333333
二班   130.333333  124.000000  109.333333
```

```
以列标签按列分组：
('总成绩',      语文   数学   英语
0    85   100    83
1   102    90   110
2    96   124   123
3   126   123   103
4   130   140   135
5   135   109    90)
添加总成绩后的数据：
     班级  姓名   语文   数学   英语   总成绩
0  一班  刘武    85   100    83     268
1  一班  王振   102    90   110     302
2  一班  赵胜    96   124   123     343
3  二班  赵霞   126   123   103     352
4  二班  方芳   130   140   135     405
5  二班  齐婷   135   109    90     334
```

图 3-12　例 3-10 程序运行结果

3.4 数据的转换

根据数据的取值，可以将数据分为字符型和数值型两大类。在数据分析中，通常无法对字符型数据进行直接处理，因此需要将字符型数据转换为数值型数据。此外，连续的数值型数据也常常需要离散化处理。

数据的转换

3.4.1　字符型数据的编码

字符型数据的编码是指将字符型数据通过编码转换为数值型数据。Pandas 提供了 get_dummies()函数，用于字符型数据的编码，其一般格式如下。

```
pandas.get_dummies(data, prefix=None, prefix_sep='_', columns=None,
dtype=None)
```

（1）data 表示需要编码的数据，可以为数组、Series 对象或 DataFrame 对象。

（2）prefix 表示进行编码处理后列标签的附加前缀，默认为列索引或标签。

（3）prefix_sep 表示附加前缀连接符，默认为“_”。

（4）columns 表示要编码列的标签，为列表，默认为 None，表示对所有列进行编码。

该函数返回一个 DataFrame 对象。

【例 3-11】　字符型数据的编码。

【参考代码】

```
import pandas as pd
pd.set_option('display.unicode.east_asian_width', True)
```

```
df = pd.DataFrame({'职业': ['教师', '司机', '编辑'],
                   '城市': ['北京', '青岛', '武汉']})
print('原始数据: \n', df)
print('编码后的数据: \n', pd.get_dummies(df))
print('设置附加前缀指定列编码后的数据: \n', pd.get_dummies(df,
prefix='居住地', prefix_sep='-', columns=['城市']))
```

【运行结果】　程序运行结果如图 3-13 所示。

```
原始数据:
    职业  城市
0  教师  北京
1  司机  青岛
2  编辑  武汉
编码后的数据:
    职业_司机  职业_教师  职业_编辑  城市_北京  城市_武汉  城市_青岛
0       0       1       0       1       0       0
1       1       0       0       0       0       1
2       0       0       1       0       1       0
设置附加前缀指定列编码后的数据:
    职业  居住地-北京  居住地-武汉  居住地-青岛
0  教师          1          0          0
1  司机          0          0          1
2  编辑          0          1          0
```

图 3-13　例 3-11 程序运行结果

【程序说明】　字符型数据的编码是指将字符型数据标记为 1 或 0，即将指定列的标签和数据组合成新列的标签，并在该列中将数据所在行标记为 1，其余行标记为 0。例如，编码职业列中第一行的数据“教师”，即生成标签为“职业_教师”的列，并标记该列第一行为 1，其他行为 0。

3.4.2　连续数据的离散化

连续数据的离散化是指将数据划分为几个分段区间。Pandas 提供了 cut()函数用于连续数据的离散化，其一般格式如下。

```
pandas.cut(x, bins, right=True, labels=None, retbins=False,
precision=3, include_lowest=False)
```

（1）x 表示需要离散化的一维序列。

（2）bins 可以是整数或序列，如果是整数，表示 x 的范围内等差分段区间的数量；如果是序列，表示将数据划分为序列元素组成的分段区间，如果元素不在序列中，则为 NaN。例如，bins = [0, 5, 10, 15, 20]表示(0, 5]、(5, 10]、(10, 15]、(15, 20]四个分段区间。

（3）right 表示是否包含区间的右端点，默认为 True。

（4）labels 表示每个分段的标签。

（5）retbins 表示是否返回 bins。

（6）precision 表示分段端点的精确度。

（7）include_lowest 表示是否包含区间的左端点，默认为 False。

【例 3-12】 连续数据的离散化。

【参考代码】

```
import numpy as np
import pandas as pd
arr = np.random.randint(1, 100, 5)
print('一维原始数据: \n', arr)
print('等差分段离散化数据: \n', pd.cut(arr, bins=5))
print('自定义分段离散化数据: \n', pd.cut(arr, bins=[0, 20, 40, 60, 80, 100]))
print('自定义分段离散化数据，并设置分段标签: \n',pd.cut(arr,bins=[0, 20, 40, 60, 80, 100], labels=['0+', '20+', '40+', '60+', '80+']))
```

【运行结果】 程序运行结果如图 3-14 所示。

```
一维原始数据:
 [46 12 24  9 57]
等差分段离散化数据:
 [(37.8, 47.4], (8.952, 18.6], (18.6, 28.2], (8.952, 18.6], (47.4, 57.0]]
Categories (5, interval[float64, right]): [(8.952, 18.6] < (18.6, 28.2] < (28.2, 37.8] <
                                           (37.8, 47.4] < (47.4, 57.0]]
自定义分段离散化数据:
 [(40, 60], (0, 20], (20, 40], (0, 20], (40, 60]]
Categories (5, interval[int64, right]): [(0, 20] < (20, 40] < (40, 60] < (60, 80] < (80, 100]]
自定义分段离散化数据，并设置分段标签:
 ['40+', '0+', '20+', '0+', '40+']
Categories (5, object): ['0+' < '20+' < '40+' < '60+' < '80+']
```

图 3-14 例 3-12 程序运行结果

【例 3-13】 根据体质指数判断“student_info.csv”文件中学生的健康状况，并对学生的性别进行编码，文件内容如图 3-15 所示。

student_info.cs...

	A	B	C	D	E
1		姓名	性别	身高（m）	体重（kg）
2	0	刘武	男	1.7	85
3	1	赵霞	女	1.6	60
4	2	王振	男	1.75	75
5	3	赵胜	男	1.8	80
6	4	方芳	女	1.7	50
7	5	齐婷	女	1.65	55

图 3-15 “student_info.csv”文件的内容

【问题分析】 体质指数（BMI）的计算公式为：BMI＝体重/身高^2，其中体重的单位为kg，身高的单位为m。如果BMI小于18.5则为“消瘦”，处于18.5（含）～24则为“正常”，处于24（含）～28则为“超重”，28（含）以上则为“肥胖”。

首先导入学生信息，计算体质指数，并将其添加到列末；然后离散化体质指数列，根据上述标准划分区间，并设置相应的标签；最后对性别列进行编码，并设置附加前缀及其连接符为空。

提 示 

在划分区间时，由于体质指数大于28后没有上限，无法设置区间，此处定义上限为50。

【参考代码】

```
import pandas as pd
pd.set_option('display.unicode.east_asian_width', True)
df = pd.read_csv('student_info.csv', index_col=0, encoding='GBK')
print('原始数据：\n', df)
df['体质指数'] = df['体重（kg）'] / df['身高（m）'] ** 2
df['健康状况'] = pd.cut(df['体质指数'], bins=[0, 18.5, 24, 28, 50],
right=False, include_lowest=True, labels=['消瘦', '正常', '超重',
'肥胖'])
print('计算并离散化体质指数后的数据：\n', df)
print('对性别进行编码，并设置附加前缀及其连接符为空的数据：\n',
pd.get_dummies(df, prefix='', prefix_sep='', columns=['性别']))
```

【运行结果】 程序运行结果如图3-16所示。

```
原始数据：
    姓名 性别  身高（m）  体重（kg）
0  刘武   男        1.70          85
1  赵霞   女        1.60          60
2  王振   男        1.75          75
3  赵胜   男        1.80          80
4  方芳   女        1.70          50
5  齐婷   女        1.65          55
计算并离散化体质指数后的数据：
    姓名 性别  身高（m）  体重（kg）   体质指数 健康状况
0  刘武   男        1.70          85  29.411765     肥胖
1  赵霞   女        1.60          60  23.437500     正常
2  王振   男        1.75          75  24.489796     超重
3  赵胜   男        1.80          80  24.691358     超重
4  方芳   女        1.70          50  17.301038     消瘦
5  齐婷   女        1.65          55  20.202020     正常
```

```
对性别进行编码，并设置附加前缀及其连接符为空的数据：
    姓名  身高（m）  体重（kg）  体质指数  健康状况  女  男
0  刘武     1.70       85  29.411765    肥胖  0  1
1  赵霞     1.60       60  23.437500    正常  1  0
2  王振     1.75       75  24.489796    超重  0  1
3  赵胜     1.80       80  24.691358    超重  0  1
4  方芳     1.70       50  17.301038    消瘦  1  0
5  齐婷     1.65       55  20.202020    正常  1  0
```

图 3-16　例 3-13 程序运行结果

拓展阅读

体质指数（body mass index, BMI）是国际上常用的衡量人体胖瘦程度及是否健康的标准。研究表明，大多数个体的体质指数与身体脂肪的百分含量有明显的相关性，能较好地反映人体的肥胖程度；同时，BMI 的计算方法简单，能消除不同身高对体重的影响，以便于人群或个体间比较。

旗帜引领

为纪念北京奥运会成功举办，国务院批准从 2009 年起，将每年 8 月 8 日设置为“全民健身日”。2014 年 10 月，我国将全民健身上升为国家战略，把全民健身作为全面建成小康社会的重要组成部分，以更好地发挥全民健身在实现中华民族伟大复兴中国梦中的积极作用。

从应运而生的健康愿景到深入人心的国家战略，全民健身的发展与普及，让更多中国人身体壮起来、精神强起来。从个人来说，想要更好地投身到中华民族的伟大复兴中，必须要有一个健康的体魄。因此，我们应该响应号召，积极参与到全民健身中。

3.5 时间信息的转换与提取

在数据分析中，导入的数据一般都是字符串，时间信息也是如此。这种情况下，无法实现与时间相关的分析。同时，时间的格式有多种，需要先将其统一格式后才便于后续的分析。因此，在进行时间相关的分析时，需要将字符型数据转换为时间型数据。

3.5.1 时间信息的转换

Pandas 提供了 to_datetime()函数，用于时间数据的转换，其一般格式如下。

```
pandas.to_datetime(arg, errors='ignore')
```

其中，arg 表示日期格式的字符串、列表、元组、数组、Series 对象或 DataFrame 对象；

errors 表示是否忽略错误，如果取“ignore”则无效的解析将返回原值，如果取“raise”则无效的解析将引发异常，如果取“coerce”则无效的解析将设置为 NaT（时间型的缺失值），默认为“ignore”。

该函数还可以将 DataFrame 对象的多列组合成时间，列标签是常用的时间用语。其中，必须包含的列标签为 year（年）、month（月）、day（日）；可选的列标签为 hour（时）、minute（分）、second（秒）、millisecond（毫秒）、microsecond（微秒）、nanosecond（纳秒）。

提 示

组合成时间时必须使用 year、hour 等，而不能使用年、时等。

3.5.2 时间信息的提取

Pandas 提供了 dt 对象提取时间信息，它是 Series 对象的一个访问器对象，其一般格式如下。

```
Series.dt.时间属性
```

dt 对象的时间属性如表 3-1 所示。

表 3-1 dt 对象的时间属性

属 性	说 明	属 性	说 明
year	年	date	日期
month	月	time	时间
day	日	weekday	星期序号，星期一为 0
hour	时	quarter	季度
minute	分	is_month_end	是否月底
second	秒	is_year_end	是否年底

【例 3-14】 时间信息的转换和提取。

【参考代码】

```
import pandas as pd
pd.set_option('display.unicode.east_asian_width', True)
df1 = pd.DataFrame({'原时间信息': ['02/28/2022 12:23:21',
'2022.02.28', '2022/02/28', '20220228', '28-Feb-2022']})
df1['转换后的时间'] = pd.to_datetime(df1['原时间信息'])
print('时间的转换: \n', df1)
df2 = pd.DataFrame({'year': ['2020', '2021', '2022'],
```

```
                    'month': ['1', '6', '12'],
                    'day': ['1', '30', '31'],
                    'hour': ['1', '13', '18'],
                    'minute': ['1', '14', '30'],
                    'second': ['1', '0', '0']})
df2['组合后的时间'] = pd.to_datetime(df2)
print('时间的组合: \n', df2)
df3 = df2['组合后的时间']
df4 = pd.DataFrame()
df4['年'], df4['月'], df4['日'] = df3.dt.year, df3.dt.month, df3.dt.day
df4['时'], df4['分'], df4['秒'] = df3.dt.hour, df3.dt.minute, df3.dt.second
df4['星期'], df4['季度'] = df3.dt.weekday + 1, df3.dt.quarter
df4['是否年底'], df4['是否月底'] = df3.dt.is_year_end, df3.dt.is_month_end
print('时间的提取: \n', df4)
```

【运行结果】 程序运行结果如图 3-17 所示。

```
时间的转换:
                  原时间信息              转换后的时间
0  02/28/2022 12:23:21 2022-02-28 12:23:21
1           2022.02.28 2022-02-28 00:00:00
2           2022/02/28 2022-02-28 00:00:00
3             20220228 2022-02-28 00:00:00
4          28-Feb-2022 2022-02-28 00:00:00
时间的组合:
   year month day hour minute second              组合后的时间
0  2020     1   1    1      1      1 2020-01-01 01:01:01
1  2021     6  30   13     14      0 2021-06-30 13:14:00
2  2022    12  31   18     30      0 2022-12-31 18:30:00
时间的提取:
      年   月   日   时   分   秒   星期   季度   是否年底   是否月底
0  2020   1   1   1   1   1     3     1     False      False
1  2021   6  30  13  14   0     3     2     False       True
2  2022  12  31  18  30   0     6     4      True       True
```

图 3-17 例 3-14 程序运行结果

典型案例——产品销售额分析

1．案例内容

产品销售额是常见的产品销售分析指标，它可以从产品分类、区域和季度等方面进行分析，对制订企业未来的销售计划很有帮助。本案例通过一年内不同产品、不同分店和不同季度产品的销售额，分析企业产品销售情况，并为制订下一年的销售计划提供参考。

2．案例分析

（1）导入“产品销售表.xlsx”文件“第 1 分店”“第 2 分店”“第 3 分店”工作表中的数据，“第 1 分店”工作表的内容如图 3-18 所示。

	A	B	C	D	E	F
1	分店名称	季度	产品名称	单价（元）	数量	销售额（万元）
2	第1分店	1	电冰箱	3540	35	12.39
3	第1分店	1	空调	4460	53	23.64
4	第1分店	1	手机	3210	87	27.93
5	第1分店	2	电冰箱	3540	45	15.93
6	第1分店	2	空调	4460	55	24.53
7	第1分店	2	手机	3210	91	29.21
8	第1分店	3	电冰箱	3540	12	4.25
9	第1分店	3	空调	4460	65	28.99
10	第1分店	3	手机	3210	NaN	#VALUE!
11	第1分店	3	电冰箱	3540	12	4.25
12	第1分店	4	电冰箱	3540	23	8.14
13	第1分店	4	空调	4460	68	30.33
14	第1分店	4	手机	3210	34	10.91

图 3-18 “第 1 分店”工作表的内容

（2）使用 concat()函数将 3 个工作表中的数据纵向合并。由于同时读取 3 个工作表时，返回的是字典，因此可以直接使用字典的键分别获取每个工作表的数据。

（3）使用 dropna()函数删除数量列中包含缺失值的行，如“第 1 分店”工作表中的第 10 行。

（4）使用 drop_duplicates()函数删除除重复的第一行外其他完全重复的行。例如，保留“第 1 分店”工作表中的第 8 行，删除第 11 行。

（5）使用 groupby()函数按“产品名称”分组，并使用 agg()函数按列求和聚合，然后获取每个产品的数量和销售额。使用同样的方法获取每个分店及每个季度产品的数量和销售额。

3．案例实施

【参考代码】

```
import pandas as pd
df = pd.read_excel('产品销售表.xlsx', sheet_name=['第 1 分店',
'第 2 分店', '第 3 分店'])
df = pd.concat([df['第 1 分店'], df['第 2 分店'], df['第 3 分店']])
#删除数量列包含缺失值的行
df.dropna(axis=0, subset=['数量'], inplace=True)
df.drop_duplicates(inplace=True)                    #删除完全重复的行
#输出每个产品的数量和销售额
print(df.groupby('产品名称').agg('sum')[['数量', '销售额(万元)']])
#输出每个分店的产品数量和销售额
print(df.groupby('分店名称').agg('sum')[['数量', '销售额(万元)']])
#输出每个季度的产品数量和销售额
print(df.groupby('季度').agg('sum')[['数量', '销售额（万元）']])
```

【运行结果】 程序运行结果如图 3-19 所示。

```
          数量   销售额（万元）
产品名称
手机      681.0  218.601
电冰箱     557.0  197.178
空调      640.0  285.440
          数量   销售额（万元）
分店名称
第1分店    568.0  216.248
第2分店    726.0  262.767
第3分店    584.0  222.204
        数量   销售额（万元）
季度
1    448.0  165.688
2    571.0  211.559
3    435.0  163.616
4    424.0  160.356
```

图 3-19 “产品销售额分析”程序运行结果

【结果分析】 从每个产品的销售额可以看出，电冰箱的销售额最低，空调的销售额最高；从每个分店的销售额可以看出，第 1 分店的销售额最低，第 2 分店的销售额最高，可以对比第 1 分店和第 2 分店的选址情况，在后面分店的选址中可供参考；从每个季度的销售额可以看出，第 4 季度的销售额最低，第 2 季度的销售额最高，可以根据季节性的规律对供货、库存等做出合理的规划。

课堂实训 3

1．实训目标

（1）练习使用 Pandas 替换缺失值和删除重复值。

（2）练习使用 Pandas 进行数据的分组和合并。

2．实训内容

（1）导入“第 4 分店产品销售表.xlsx”文件中的数据，内容如图 3-20 所示。

	A	B	C	D	E
1	季度	产品名称	单价（元）	数量	售额（万元）
2	1	电冰箱	3540	66	23.36
3	1	空调	4460	44	19.62
4	1	NaN	3210	84	26.96
5	2	电冰箱	3540	46	16.28
6	2	空调	4460	51	22.75
7	2	手机	3210	60	19.26
8	3	电冰箱	3540	45	15.93
9	3	NaN	4460	76	33.90
10	3	手机	3210	57	18.30
11	3	NaN	4460	76	33.90
12	4	电冰箱	3540	64	22.66
13	4	空调	4460	42	18.73
14	4	手机	3210	43	13.80

图 3-20 “第 4 分店产品销售表.xlsx”文件的内容

（2）由于产品名称列包含缺失值，且每个产品单价相同，因此先按单价分组，然后对每个分组进行替换缺失值处理，最后合并每个分组。

（3）删除数据中重复的行，保留重复的第一行。

（4）将数据按季度分组，并合并每个分组，然后将“分店名称”列插入第一列，数据为“第 4 分店”。

（5）将数据保存到“产品销售表.xlsx”文件的“第 4 分店”工作表中。

在已经包含表的 Excel 文件中新建表保存数据时，直接使用 ExcelWriter 对象写入数据会覆盖已经存在的表。此时，可以使用 openpyxl 库的 load_workbook()函数导入 Excel

文件，并将返回的工作簿对象赋给 ExcelWriter 对象的 book 属性，然后再使用 ExcelWriter 对象写入数据。例如：

```
from openpyxl import load_workbook
book = load_workbook('产品销售表.xlsx')
writer = pd.ExcelWriter('产品销售表.xlsx')
writer.book = book
```

本章考核 3

1. 选择题

（1）df.isnull().sum()的作用是（　　）。

A. 统计各列的重复值个数　　B. 判断数据是否为缺失值

C. 统计各行的缺失值个数　　D. 统计各列的缺失值个数

（2）使用 merge()函数进行数据的合并时，默认的合并方式是（　　）。

A. inner　　B. outer

C. left　　D. right

（3）下列关于 drop_duplicates()函数的说法，错误的是（　　）。

A. 函数返回一个由布尔值组成的 Series 对象

B. 支持多特征的数据去重

C. 数据重复时默认保留第一个数据

D. 该函数不会改变原始数据的排列

（4）下列关于 agg(func)函数的说法，错误的是（　　）。

A. func 可以是自定义函数

B. func 表示的函数可以应用到每一列

C. 可以将 func 表示的多个函数应用到同一列

D. 不可以将 func 表示的不同函数应用到不同的列

（5）下列关于 dropna()函数参数的说法，正确的是（　　）。

A. axis 取 0 表示删除包含缺失值的列

B. how 取“any”表示删除包含缺失值的行或列

C. thresh 取 2 表示删除少于两个缺失值的行或列

D. inplace 取 False 表示在原数据上删除

（6）将年龄划分为年龄段的函数是（　　）。

A. cut()　　B. agg()

C. get_dummies()　　D. groupby()

（7）DataFrame 对象 score 包含“班级”“姓名”“数学”“语文”等列，统计不同班级的数学平均成绩的正确方法是（　　）。

A．score.groupby('数学')['班级'].mean()

B．score.groupby('班级')['数学'].mean()

C．score['数学'].mean().groupby('班级')

D．score['班级'].mean().groupby('数学')

（8）使用每列最后一个缺失值后面的非缺失值替换该列的所有缺失值时，下列方法正确的是（　　）。

A．fillna(method='bfill')　　B．fillna(method='pad')

C．fillna(method='ffill')　　D．fillna()

（9）请阅读下列程序：

```
import pandas as pd
df = pd.DataFrame([[6, 5, 4], [6, 5, 7], [7, 9, 8]])
print(df.drop_duplicates(subset=[0, 1], keep='first'))
```

执行上述程序后，输出结果为（　　）。

A．

```
   0  1  2
1  6  5  7
2  7  9  8
```

B．

```
   0  1  2
0  6  5  7
1  7  9  8
```

C．

```
   0  1  2
0  6  5  4
2  7  9  8
```

D．

```
   0  1  2
0  6  5  4
1  7  9  8
```

（10）请阅读下列程序：

```
import pandas as pd
s = pd.Series(['10/02/2022 12:23:21'])
s1 = pd.to_datetime(s)
print(s1.dt.month[0], s1.dt.day[0], s1.dt.quarter[0])
```

执行上述程序后，输出结果为（　　）。

A．2　10　3　　B．2　10　4

C．10　2　3　　D．10　2　4

2．填空题

（1）删除 DataFrame 对象 df 中“A”列包含缺失值行的方法是______________。

（2）将 DataFrame 对象中字符型数据转换为时间型数据的函数是____________。

（3）现有 DataFrame 对象 df1 和 df2，将其进行横向左合并的方法是______________，将其进行纵向内连接的方法是______________。

（4）检查重复值的函数是______________，删除重复值的函数是______________。

（5）实现连续数据离散化的函数是________________，实现字符型数据编码的函数是______________。

（6）根据分组标签获取对应组数据的函数是______________。

（7）执行下列程序，输出结果为______________。

```
import pandas as pd
df = pd.DataFrame([[5, 5, 4], [6, None, None], [7, None, 8]])
print(df.fillna(method='ffill'))
```

（8）执行下列程序，输出结果为______________。

```
import pandas as pd
df = pd.DataFrame([1, 10, 20])
df[1] = pd.cut(df[0], bins=[0, 10, 20])
print(df)
```

（9）执行下列程序，输出结果为______________。

```
import pandas as pd
df = pd.DataFrame({'工号': ['001', '002', '003'],
                   '部门': ['编辑部', '课程部', '编辑部'],
                   '性别': ['男', '男', '女'],
                   '年龄': ['25', '30', '27']})
print(pd.get_dummies(df, prefix='', prefix_sep='', columns=['性别']))
```

（10）执行下列程序，输出结果为______________。

```
import pandas as pd
df = pd.DataFrame({'A': [1, 1, 2, 2], 'B': [1, 2, 3, 4], 'C': [6,
8, 1, 9]})
print(df.groupby('A').agg(['sum', 'mean']))
```

3. 实践题

（1）基于例 3-8，将合并后 1—3 月入职员工的信息按学历分组，并通过聚合求基本工资的平均值。

（2）基于例 3-10，通过聚合计算每个学生的平均成绩，然后根据平均成绩判断成绩等级。判断条件如下：平均成绩小于 90 则为“不合格”，处于 90（含）～110 则为“中”，处于 110（含）～135 则为“良”，处于 135（含）～150 则为“优”。

（3）已知时间信息如图 3-21 所示。

	year	month	day
0	2019	3	4
1	2020	NaN	2
2	NaN	6	21
3	2020	9	2
4	2022	12	15

图 3-21　时间信息

① 创建一个 DataFrame 对象，存储时间信息。

② 将 year 列的缺失值替换为“2021”，将 month 列的缺失值替换为“9”。

③ 删除所有重复的行。

④ 将时间信息组合成时间，并将其添加到 DataFrame 对象的列末。

第 4 章

Pandas 数据分析

本章导读

对数据进行预处理后，下一步就是要对数据进行分析了。针对不同的分析需求，如数据的排序或排名、集中趋势、离散程度、变量之间的关系、概率分布和相关性等，使用的分析方法也有所不同。Pandas 提供了多种方法用于分析数据，包括数据的排序与排名分析、统计分析、交叉表与透视表分析、正态性分析和相关性分析等。

学习目标

- 掌握数据排序和排名分析的方法。
- 掌握数值型和字符型数据统计分析的方法。
- 掌握数据交叉表和透视表分析的方法。
- 掌握数据正态性分析的方法。
- 掌握数据相关性分析的方法。
- 能对数据进行排名与排序、统计、交叉表与透视表、正态性和相关性等分析。

素质目标

- 提高分析问题、针对不同问题选择合适方法的能力。
- 强化数据安全意识，提高信息技术应用能力。

4.1 数据的排序与排名分析

在实际工作中，经常需要对数据进行排序或排名，以便发现数据的特征和趋势。

数据的排序与排名分析

4.1.1 数据排序分析

数据的排序分析是指对数据按指定的标准进行升序或降序排序分析。DataFrame 对象中数据的排序可分为按索引或标签排序及按值排序。

1. 按索引或标签排序

Pandas 提供了 sort_index()函数用于按索引或标签排序，其一般格式如下。

```
DataFrame.sort_index(axis=0, ascending=True, inplace=False, ignore_index=False)
```

其中，axis 表示按行或列的索引或标签排序，取 0 或“index”表示按行索引或标签，取 1 或“columns”表示按列索引或标签，默认为 0；ascending 表示排序方式，取 True 表示升序排序，取 False 表示降序排序，默认为 True；inplace 和 ignore_index 与之前介绍过的一致，表示是否替换原数据和是否忽略原索引或标签。

【例 4-1】 按索引或标签排序。

【参考代码】

```
import numpy as np
import pandas as pd
#随机生成 3×3 的数组
arr = np.random.randint(1, 20, size=(3, 3))
df = pd.DataFrame(arr, columns=['c', 'b', 'a'])
print('原始数据: \n', df)
print('按行索引降序排序: \n', df.sort_index(ascending=False))
print('按列标签升序排序: \n', df.sort_index(axis=1))
```

【运行结果】 程序运行结果如图 4-1 所示。

```
原始数据:
    c   b   a
0  13  11  11
1  12   1  16
2   4  15  10
```

```
按行索引降序排序:
    c   b   a
2   4  15  10
1  12   1  16
0  13  11  11
按列标签升序排序:
    a   b   c
0  11  11  13
1  16   1  12
2  10  15   4
```

图 4-1　例 4-1 程序运行结果

2. 按值排序

Pandas 提供了 sort_values()函数用于按行或列的值排序，其一般格式如下。

```
DataFrame.sort_values(by, axis=0, ascending=True, inplace=False,
ignore_index=False)
```

其中，by 表示索引或标签，如果 DataFrame 对象没有设置标签，则为索引，如果设置了标签，则须为标签；axis 表示按行或列的值排序，取 0 或“index”表示按列的值，取 1 或“columns”表示按行的值，默认为 0。

【例 4-2】　按值排序。

【参考代码】

```
import numpy as np
import pandas as pd
arr = np.random.randint(1, 20, size=(3, 3))
df = pd.DataFrame(arr)
print('原始数据: \n', df)
print('按第 2 行的值升序排序: \n', df.sort_values(by=1, axis=1))
print('按第 2 列的值升序排序: \n', df.sort_values(by=1))
df.columns = ['a', 'b', 'c']
print('设置列标签后的原始数据: \n', df)
print('按 a 列的值降序排序: \n', df.sort_values(by='a',
ascending=False))
```

【运行结果】　程序运行结果如图 4-2 所示。

```
原始数据:
    0   1   2
0   3  15   2
1  10  14   1
2  15   2  16
```

```
按第2行的值升序排序:
    2   0   1
0   2   3  15
1   1  10  14
2  16  15   2
按第2列的值升序排序:
    0   1   2
2  15   2  16
1  10  14   1
0   3  15   2
设置列标签后的原始数据:
    a   b   c
0   3  15   2
1  10  14   1
2  15   2  16
按a列的值降序排序:
    a   b   c
2  15   2  16
1  10  14   1
0   3  15   2
```

图 4-2　例 4-2 程序运行结果

4.1.2　数据排名分析

数据的排名分析是指对一列数据进行升序或降序排名分析。Pandas 提供了 rank()函数用于数据的排名，其一般格式如下。

```
DataFrame.rank(method='average', ascending=True)
```

其中，method 表示重复数据排名的处理方法，如果为“average”表示取相同数据排名中的平均排名；如果为“min”表示取相同数据排名中的最小排名；如果为“max”表示取相同数据排名中的最大排名；如果为“first”表示按顺序排名；默认为“average”。该函数返回一个 Series 对象，数据类型为浮点型。

【例 4-3】　数据的排名。

【参考代码】

```
import pandas as pd
pd.set_option('display.unicode.east_asian_width', True)
df = pd.DataFrame([2, 5, 5, 5, 10, 3, 4, 12, 7, 10], columns=['
原始数据'])
df['顺序排名'] = df['原始数据'].rank(method='first')
df['最大值排名'] = df['原始数据'].rank(method='max')
```

```
df['最小值排名'] = df['原始数据'].rank(method='min')
df['平均值排名'] = df['原始数据'].rank(method='average')
print(df)
```

【运行结果】 程序运行结果如图 4-3 所示。

	原始数据	顺序排名	最大值排名	最小值排名	平均值排名
0	2	1.0	1.0	1.0	1.0
1	5	4.0	6.0	4.0	5.0
2	5	5.0	6.0	4.0	5.0
3	5	6.0	6.0	4.0	5.0
4	10	8.0	9.0	8.0	8.5
5	3	2.0	2.0	2.0	2.0
6	4	3.0	3.0	3.0	3.0
7	12	10.0	10.0	10.0	10.0
8	7	7.0	7.0	7.0	7.0
9	10	9.0	9.0	8.0	8.5

图 4-3 例 4-3 程序运行结果

【程序说明】 顺序排名是原始数据默认的升序排名。例如，2 最小则排名为 1，12 最大则排名为 10，3 个 5 按顺序排名，第 1 个 5 排名为 4，第 2 个 5 排名为 5，第 3 个 5 排名为 6。最大值排名是在相同数据的排名中取最大的排名。例如，3 个 5 按顺序排名分别为 4、5、6，则其最大值排名都取 6。同理，3 个 5 的最小值排名都取 4，它们的平均值排名则取 (4+5+6)/3=5。

【例 4-4】 将“学生成绩表.xlsx”文件中的学生成绩按总成绩降序排名，并按排名升序排序，文件内容如图 4-4 所示。

学生成绩表.xlsx - Excel

文件 开始 插入 页面布局 公式 数据 审阅 视图

	A	B	C	D	E	F
1	学号	姓名	语文	数学	英语	综合
2	A001	苏明发	112	101	119	240
3	A002	董一敏	126	140	127	225
4	A003	林平生	135	128	136	219
5	A004	李玉婷	109	121	141	271
6	A005	谭晓婷	100	107	124	236
7	A006	金海莉	118	123	138	259
8	A007	肖友海	98	119	88	249
9	A008	邓同智	105	117	115	201
10	A009	朱仙明	118	106	142	268
11	A010	朱兆祥	113	134	101	229

Sheet1

图 4-4 “学生成绩表.xlsx”的内容

【问题分析】 首先导入“学生成绩表.xlsx”文件中的数据；然后通过分组和聚合计算学生的总成绩；最后按总成绩降序排名（最小值排名），并按排名升序排序。

在实际应用中，对学生总成绩进行排名时，如果学生总成绩相同，会按语文成绩降序排序。因此，在按排名升序排序后，需要按排名进行分组，然后对每组数据按语文成绩降序排序，并纵向连接。

【参考代码】

```
import pandas as pd
pd.set_option('display.unicode.east_asian_width', True)
df = pd.read_excel('学生成绩表.xlsx')
#分组和聚合计算总成绩
df['总成绩'] = df.groupby({'语文': '总成绩', '数学': '总成绩', '英语': '总成绩','综合': '总成绩'}, axis=1).agg('sum')
#按总成绩降序排名
df['排名'] = df['总成绩'].rank(method='min', ascending=False)
#按排名升序排序，并重新设置连续的行索引
df.sort_values('排名', inplace=True, ignore_index=True)
df1 = pd.DataFrame()
groups = df.groupby('排名')
for group in groups:
    df2 = pd.DataFrame(group[1])
    df2.sort_values('语文', ascending=False, inplace=True)
    df1 = pd.concat([df1, df2])
df1 = df1.reset_index(drop=True)          #重新设置连续的行索引
print(df1)
```

【运行结果】 程序运行结果如图 4-5 所示。

	学号	姓名	语文	数学	英语	综合	总成绩	排名
0	A004	李玉婷	109	121	141	271	642	1.0
1	A006	金海莉	118	123	138	259	638	2.0
2	A009	朱仙明	118	106	142	268	634	3.0
3	A003	林平生	135	128	136	219	618	4.0
4	A002	董一敏	126	140	127	225	618	4.0
5	A010	朱兆祥	113	134	101	229	577	6.0
6	A001	苏明发	112	101	119	240	572	7.0
7	A005	谭晓婷	100	107	124	236	567	8.0
8	A007	肖友海	98	119	88	249	554	9.0
9	A008	邓同智	105	117	115	201	538	10.0

图 4-5 例 4-4 程序运行结果

提 示

Pandas 提供了 reset_index()函数用于重新设置连续的行索引，drop 参数为 True 时表示忽略原行索引。

4.2 数据的统计分析

数据的统计分析可以通过一些统计指标方便地描述数据的集中趋势、离散程度、频数分布等。

数据的统计分析

4.2.1 数值型数据统计分析

数值型数据的描述性统计主要包括最大值、最小值、均值、中位数、四分位数、极差、方差、标准差等统计指标。

Pandas 提供了多个函数用于计算数值型数据的统计指标，常用的如表 4-1 所示。

表 4-1 常用的统计函数

函 数	说 明	函 数	说 明
count()	统计非缺失值个数	quantile()	计算四分位数
sum()	计算总和	var()	计算方差
max()	获取最大值	mode()	计算众数
min()	获取最小值	std()	计算标准差
mean()	计算均值	cumsum()	计算累加和
median()	计算中位数	cumprod()	计算累加积

（1）四分位数是指将一组从小到大的顺序数据等分为 4 部分（每部分包含 25%的数据）的 3 个分割点，处在 25%、50%、75%位置的四分位数分别为下四分位数、中位数、上四分位数。在 quantile()函数中，参数 q 取 0.5 表示计算中位数，取 0.25 表示计算下四分位数，取 0.75 表示计算上四分位数，默认为 0.5。

（2）方差是指每个数据与该组数据的平均值之差的平方值的平均值。

（3）众数是指一组数据中出现次数最多的数据，代表了数据的一般水平。

（4）标准差是指方差的算术平方根。

（5）累加和、累加积是指对数据进行累计相加、相乘。

统计函数默认按列进行计算，如果需要按行进行计算，则须将 axis 参数设置为 1。此外，只对数值型数据进行计算时，应设置 numeric_only 参数为 True。

Pandas 还提供了 describe()函数用于按列一次性计算数值型数据的多个统计指标，其属性如表 4-2 所示。

表 4-2　describe()函数统计数值型数据的属性

属　性	说　明	属　性	说　明
count	非缺失值个数	25%	下四分位数
mean	均值	50%	中位数
std	标准差	75%	上四分位数
min	最小值	max	最大值

【例 4-5】　基于例 4-4“学生成绩表.xlsx”文件中的学生成绩，计算每个学生的总成绩和平均成绩，然后计算各科成绩、总成绩和平均成绩的统计指标。

【问题分析】　使用 sum()函数和 mean()函数按行计算每个学生的总成绩和平均成绩，然后使用 describe()函数按列计算各科成绩、总成绩和平均成绩的统计指标。

【参考代码】

```
import pandas as pd
pd.set_option('display.unicode.east_asian_width', True)
df = pd.read_excel('学生成绩表.xlsx')
#按行计算总成绩，并添加到列末
df['总成绩'] = df.sum(axis=1, numeric_only=True)
#按行计算平均成绩，并添加到列末
df['平均成绩'] = df.mean(axis=1, numeric_only=True)
print(df)                    #输出添加总成绩和平均成绩后的数据
print(df.describe())         #输出各科成绩、总成绩和平均成绩的统计指标
```

【运行结果】　程序运行结果如图 4-6 所示。

```
   学号   姓名  语文  数学  英语  综合  总成绩  平均成绩
0  A001  苏明发   112   101   119   240     572     228.8
1  A002  董一敏   126   140   127   225     618     247.2
2  A003  林平生   135   128   136   219     618     247.2
3  A004  李玉婷   109   121   141   271     642     256.8
4  A005  谭晓婷   100   107   124   236     567     226.8
5  A006  金海莉   118   123   138   259     638     255.2
6  A007  肖友海    98   119    88   249     554     221.6
7  A008  邓同智   105   117   115   201     538     215.2
8  A009  朱仙明   118   106   142   268     634     253.6
9  A010  朱兆祥   113   134   101   229     577     230.8
```

	语文	数学	英语	综合	总成绩	平均成绩
count	10.000000	10.000000	10.000000	10.000000	10.000000	10.000000
mean	113.400000	119.600000	123.100000	239.700000	595.800000	238.320000
std	11.432896	12.491775	17.903755	22.385759	38.293603	15.317441
min	98.000000	101.000000	88.000000	201.000000	538.000000	215.200000
25%	106.000000	109.500000	116.000000	226.000000	568.250000	227.300000
50%	112.500000	120.000000	125.500000	238.000000	597.500000	239.000000
75%	118.000000	126.750000	137.500000	256.500000	630.000000	252.000000
max	135.000000	140.000000	142.000000	271.000000	642.000000	256.800000

图 4-6 例 4-5 程序运行结果

4.2.2 字符型数据统计分析

字符型数据具有分类作用，如班级、商品名称、城市名等，它的统计主要是频数统计。Pandas 提供了 value_counts()函数用于统计字符型数据的频数，其一般格式如下。

```
DataFrame.value_counts(subset=None,normalize=False,ascending=
False)
```

其中，subset 表示列标签或列表，如果为列表，表示统计多列中每行数据的频数，默认为所有列；normalize 表示是否按频率显示（频率=频数/总频数），取 True 表示按频率显示，取 False 表示按频数显示，默认为 False；ascending 表示频率或频数的排序方式，默认为 False，即降序排序。

value_counts()函数也可以用于统计数值型数据的频数。

describe()函数也可以用于按列计算字符型数据的多个统计指标，其属性如表 4-3 所示。

表 4-3 describe()函数统计字符型数据的属性

属 性	说 明	属 性	说 明
count	非缺失值个数	top	出现次数最多的数据
unique	数据的种类数量	freq	出现次数最多的数据的个数

【例 4-6】 字符型数据的统计分析。

【参考代码】

```
import pandas as pd
pd.set_option('display.unicode.east_asian_width', True)
df = pd.DataFrame([['A', 'C', 'B'], ['B', 'A', 'C'], ['A', 'B',
'C'], ['A', 'B', 'C']], columns=['a', 'b', 'c'])
```

```
print('原始数据：\n', df)
print('按频数降序统计a列：\n', df.value_counts('a'))
print('按频率升序统计b列：\n', df.value_counts('b', normalize=True, ascending=True))
print('按频数降序统计所有列：\n', df.value_counts())
print('使用describe()函数统计所有列：\n', df.describe())
```

【运行结果】 程序运行结果如图 4-7 所示。

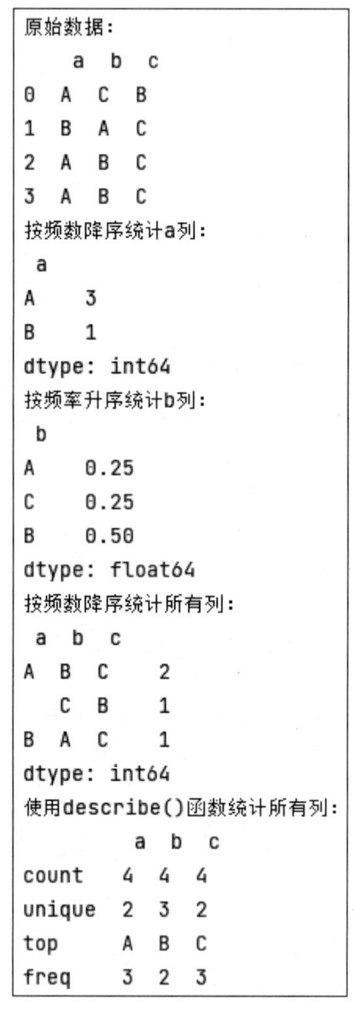

```
原始数据:
   a  b  c
0  A  C  B
1  B  A  C
2  A  B  C
3  A  B  C
按频数降序统计a列:
 a
A    3
B    1
dtype: int64
按频率升序统计b列:
 b
A    0.25
C    0.25
B    0.50
dtype: float64
按频数降序统计所有列:
 a  b  c
A  B  C    2
   C  B    1
B  A  C    1
dtype: int64
使用describe()函数统计所有列:
        a  b  c
count   4  4  4
unique  2  3  2
top     A  B  C
freq    3  2  3
```

图 4-7 例 4-6 程序运行结果

【程序说明】 统计所有列时，将会以一行作为整体统计相应的指标。例如，按频数降序统计所有列时，A、B、C 出现两次，则频数为 2；A、C、B 和 B、A、C 都只出现一次，则频数为 1。此外，在显示统计指标时，如果统计的数据与前一行有相同的部分，则会省略相同的部分。例如，A、B、C 和 A、C、B 中的第一个数据 A 相同，则显示 A、C、B 时省略 A。

4.3 数据的表格分析

数据的交叉表和透视表是数据分析中常用的方法。通过交叉表和透视表可以分析数据的不同变量之间存在的关系。

4.3.1 数据交叉表分析

数据的表格分析

交叉表是一种常用的分类汇总表格，可以统计变量交叉出现的频数，帮助分析变量之间的相互关系。最简单也最常用的是 2×2 交叉表，即两个变量的交叉表，如性别与商品类型的关系、年龄与商品类型的关系等。

Pandas 提供了 crosstab()函数用于制作数据交叉表，其一般格式如下。

```
pandas.crosstab(index, columns, margins=False, margins_name='All',
normalize=False)
```

其中，index 表示交叉表行字段的列；columns 表示交叉表列字段的列；margins 表示是否汇总交叉表的行和列，如果为 True 表示汇总，如果为 False 表示不汇总，默认为 False；margins_name 表示汇总行和列的标签，默认为“All”；normalize 表示是否对统计的频数标准化，即统计频率，取 True 或“all”表示以总样本数统计频率，取“index”表示以行的样本总数统计频率，且只显示列的汇总，取“columns”表示以列的样本总数统计频率，且只显示行的汇总，取 False 表示不标准化，默认为 False。

【例 4-7】 使用交叉表分析“产品订单信息表.xlsx”文件中性别和产品类型的关系，文件内容如图 4-8 所示。

	A	B	C	D
1	订单ID	性别	产品类型	消费金额
2	2022030801	男	手机	3500
3	2022030802	男	电脑	5500
4	2022030803	女	手机	7000
5	2022030804	女	手机	3500
6	2022030805	男	手机	3500
7	2022030806	女	电脑	5500
8	2022030807	男	电脑	11000
9	2022030808	女	手机	3500
10	2022030809	女	手机	10500
11	2022030810	女	电脑	5500
12	2022030811	男	手机	3500
13	2022030812	女	手机	7500
14	2022030813	女	电脑	5500
15	2022030814	女	手机	3500
16	2022030815	男	电脑	5500

图 4-8 “产品订单信息表.xlsx”文件的内容

【问题分析】 首先导入“产品订单信息表.xlsx”文件中的数据；然后统计并汇总性别和产品类型的交叉频数；最后统计并汇总性别和产品类型的交叉频率。

【参考代码】

```
import pandas as pd
pd.set_option('display.unicode.east_asian_width', True)
df = pd.read_excel('产品订单信息表.xlsx')
df1 = pd.crosstab(index=df['性别'], columns=df['产品类型'])
print('统计性别和商品类型交叉频数的数据 df1: \n', df1)
df2 = pd.crosstab(index=df['性别'], columns=df['产品类型'],
margins=True)
print('统计和汇总性别和商品类型交叉频数的数据 df2: \n', df2)
df3 = pd.crosstab(index=df['性别'], columns=df['产品类型'],
margins=True, normalize=True)
print('统计和汇总性别和商品类型交叉频率的数据 df3: \n', df3)
df4 = pd.crosstab(index=df['性别'], columns=df['产品类型'],
margins=True, margins_name='总数', normalize='index')
print('按行统计和汇总性别和商品类型交叉频数的数据 df4: \n', df4)
```

【运行结果】 程序运行结果如图 4-9 所示。

```
统计性别和商品类型交叉频数的数据df1:
 产品类型  手机  电脑
性别
女           6     3
男           3     3
统计和汇总性别和商品类型交叉频数的数据df2:
 产品类型  手机  电脑  All
性别
女           6     3    9
男           3     3    6
All          9     6   15
统计和汇总性别和商品类型交叉频率的数据df3:
 产品类型  手机  电脑  All
性别
女         0.4   0.2  0.6
男         0.2   0.2  0.4
All        0.6   0.4  1.0
按行统计和汇总性别和商品类型交叉频数的数据df4:
 产品类型      手机      电脑
性别
女        0.666667  0.333333
男        0.500000  0.500000
总数      0.600000  0.400000
```

图 4-9 例 4-7 程序运行结果

【程序说明】 df3 统计和汇总性别和产品类型的交叉频率，与 df2 对比会发现，df3 计算的是基于样本总数的频率，如第 1 行第 1 列的数据 0.4=6/15；df4 按行统计并汇总性别和产品类型的交叉频率，与 df2 对比会发现，df4 计算的是基于所在行样本总数的频率，如第 1 行第 1 列的数据 0.666667=6/9。

【结果分析】 从图 4-9 可以看出，购买手机的客户中，女性客户多于男性客户；购买电脑的客户中，男性客户和女性客户一样多。

4.3.2 数据透视表分析

透视表是一种交互式的表，它可以统计行字段和列字段与第 3 个字段的关系，如不同性别的人在不同商品上的消费程度。

Pandas 提供了 pivot_table()函数用于制作数据透视表，其一般格式如下。

```
pandas.pivot_table(data, values=None, index=None, columns=None, aggfunc='mean', margins=False, margins_name='All')
```

其中，data 表示需要分析的数据；values、index 和 columns 表示 data 的列标签，分别作为透视表的统计字段、行字段和列字段；aggfunc 表示统计指标，可以取“sum”（求和）、“mean”（求均值）、“max”（求最大值）等，默认为“mean”。

【例 4-8】 基于例 4-7“产品订单信息表.xlsx”文件中的产品订单信息，使用透视表分析其中性别、产品类型和总消费及平均消费的关系。

【问题分析】 将性别与商品类型分别作为透视表的行字段和列字段，消费金额作为统计字段，并分别使用“sum”和“mean”作为统计指标。

【参考代码】

```
import pandas as pd
pd.set_option('display.unicode.east_asian_width', True)
df = pd.read_excel('产品订单信息表.xlsx')
df1 = pd.pivot_table(df, values='消费金额', index='性别', columns='产品类型', aggfunc='sum', margins=True, margins_name='总消费')
print('统计和汇总性别、产品类型及总消费的数据 df1: \n', df1)
df2 = pd.pivot_table(df, values='消费金额', index='性别', columns='产品类型')
print('统计和汇总性别、产品类型及平均消费的数据 df2: \n', df2)
```

【运行结果】 程序运行结果如图 4-10 所示。

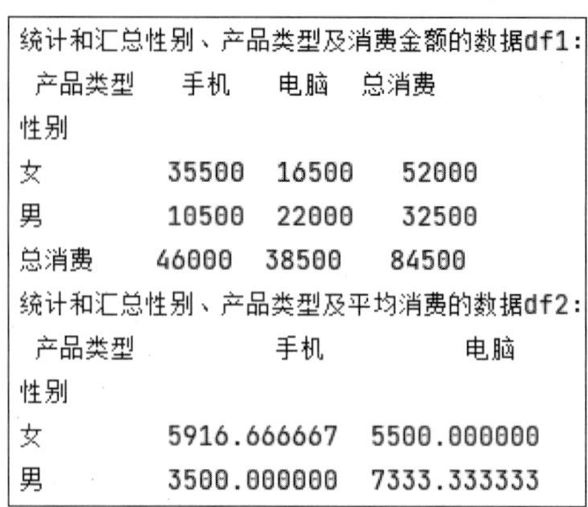

```
统计和汇总性别、产品类型及消费金额的数据df1:
 产品类型     手机     电脑   总消费
性别
女          35500   16500    52000
男          10500   22000    32500
总消费     46000   38500    84500
统计和汇总性别、产品类型及平均消费的数据df2:
 产品类型             手机             电脑
性别
女          5916.666667   5500.000000
男          3500.000000   7333.333333
```

图 4-10 例 4-8 程序运行结果

【结果分析】 从图 4-10 可以看出，购买手机的女性客户的消费金额和平均消费都大于男性客户，而购买电脑的男性客户的消费金额和平均消费都大于女性客户。这说明女性客户对手机配置的要求较高，而男性客户对电脑配置的要求较高。

4.4 数据的正态性分析

正态分布是一种非常重要的概率分析，也是统计学中常用的分布方法，它的应用范围非常广泛，很多随机变量的概率分布都可以近似地使用正态分布来描述，如人群的身高或体重、学生的成绩、人体的白细胞数量等。数据服从正态分布是很多分析方法使用的前提，在进行假设检验、方差分析、回归分析等分析操作前，一般首先要对数据的正态性进行分析。

4.4.1 数据的正态分布

正态分布是指随机变量服从一个位置参数（即均值 μ）和尺度参数（即标准差 σ）的概率分布。正态分布在几何上的表现就是正态曲线，理论上是一条中间高、两端逐渐下降的完全对称的钟形曲线，如图 4-11 所示。

从图 4-11 可以看出，符合正态分布的随机变量在 $\mu-\sigma$～$\mu+\sigma$ 取值的概率为 68.2%，在 $\mu-2\sigma$～$\mu+2\sigma$ 取值的概率为 95.4%，在 $\mu-3\sigma$～$\mu+3\sigma$ 取值的概率为 99.7%。当 μ 为 0，σ 为 1 时为标准正态分布。

正态分布的均值决定了曲线的中心位置，当均值为 0 时，中心位置在 x 轴为 0 的位置；当均值大于 0 且绝对值越大时，曲线整体右偏且离 y 轴越远；当均值小于 0 且绝对值越大时，曲线整体左偏且离 y 轴越远。正态分布的标准差决定了曲线的形状，标准差越大，数据分布越分散，曲线越“矮胖”；标准差越小，数据分布越集中，曲线越“高瘦”。

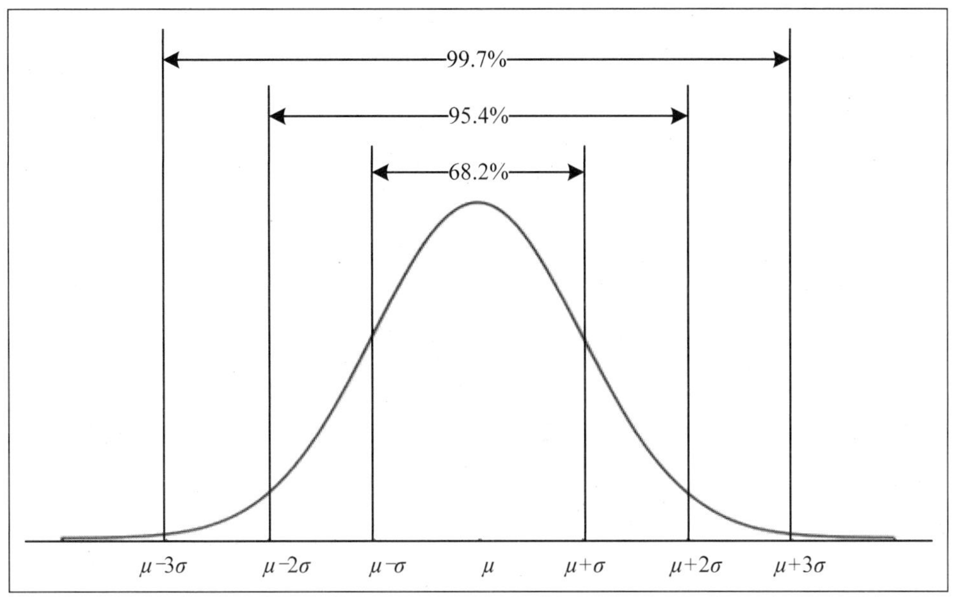

图 4-11　正态分布曲线

4.4.2　正态性分析

数据的正态性分析可以通过偏度和峰度，以及直方图实现。

1．偏度和峰度

数据的偏度和峰度是描述数据分布与正态分布偏离程度的两个常用统计指标。

（1）偏度用于描述数据分布的对称性，正态分布的偏度为 0。当偏度大于 0 时，称为正偏态，分布曲线出现右侧长尾；当偏度小于 0 时，称为负偏态，分布曲线出现左侧长尾。不同偏度的分布曲线如图 4-12 所示。

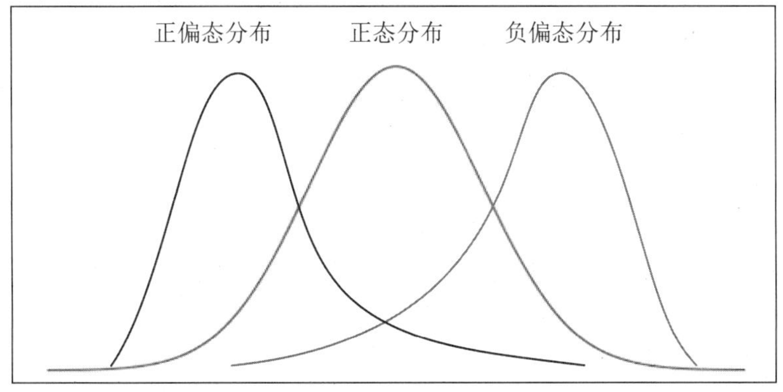

图 4-12　不同偏度的分布曲线

Pandas 提供了 skew()函数用于计算数据的偏度，其一般格式如下。

```
DataFrame.skew()
```

（2）峰度用于描述数据分布形态的陡缓程度。在实际应用中，正态分布的峰度为 0（正态分布的峰度常数为 3，通常做减 3 处理），当峰度大于 0 时，为尖顶峰，分布曲线较陡峭；当峰度小于 0 时，为平顶峰，分布曲线较平坦。不同峰度的分布曲线如图 4-13 所示。

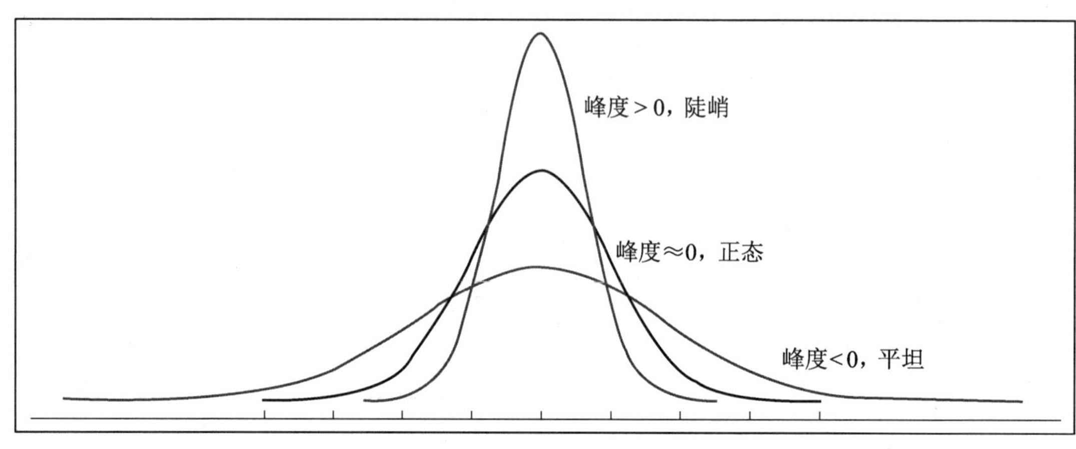

图 4-13　不同峰度的分布曲线

Pandas 提供了 kurt()函数用于计算数据的峰度，其一般格式如下。

```
DataFrame.kurt()
```

【例 4-9】　模拟抛掷 10 000 次两个骰子，统计两个骰子的数字之和，并计算其偏度和峰度。

【问题分析】　首先通过随机生成两个 1～6 的整数模拟抛掷骰子（10 000 次）；然后统计两个骰子抛掷数字的和，并按行标签升序排序；最后计算其偏度和峰度。

【参考代码】

```
import numpy as np
import pandas as pd
data1 = np.random.randint(1, 7, 10000)
data2 = np.random.randint(1, 7, 10000)
arr = data1 + data2
df = pd.DataFrame(data1 + data2)
count = df.value_counts().sort_index()
print('两个骰子抛掷数字和的统计结果: \n', count)
print('偏度: ', df.skew().iloc[0])
print('峰度: ', df.kurt().iloc[0])
```

【运行结果】　程序运行结果如图 4-14 所示。

```
两个骰子抛掷数字和的统计结果：
 2       266
3        564
4        850
5       1073
6       1399
7       1692
8       1368
9       1115
10       815
11       587
12       271
dtype: int64
偏度:  0.0022658616395346974
峰度:  -0.6410932234899351
```

图 4-14　例 4-9 程序运行结果

【结果分析】　从图 4-14 可以看出，偏度接近 0，说明没有正偏或负偏的趋势，从统计频数也可以大致看出分布是比较对称的，分别向左右两侧逐渐均匀下降；峰度小于 0，说明中间的数据并不是非常集中，而是比较分散，是平顶曲线，从统计频数也可以看出和为 7 的中间位置频数最高，且两边的频数慢慢减少。

2. 直方图

直方图是一种统计报告图，由一系列高度不等的矩形柱表示数据的分布情况，通常用于分析数据是否符合正态分布，例 4-9 中两个骰子抛掷的数字之和的直方图如图 4-15 所示。

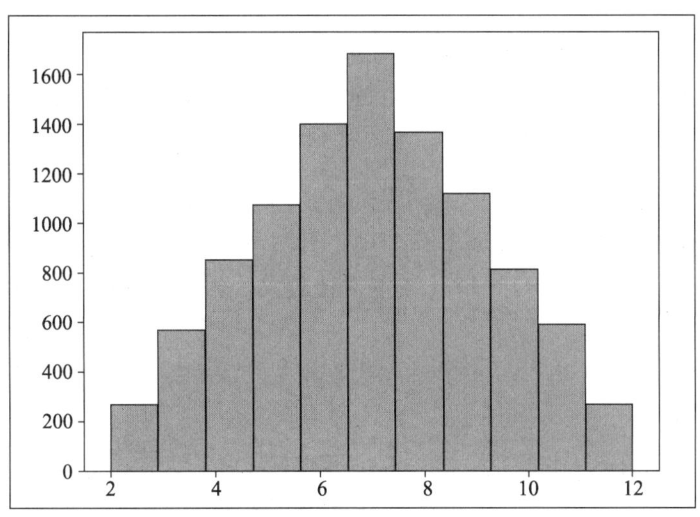

图 4-15　例 4-9 中两个骰子抛掷的数字之和的直方图

从图 4-15 可以看出，该数据符合正态分布，且分布曲线较为平坦，与例 4-9 计算的偏度和峰度的结果一致。

提 示 

直方图的具体内容可参见第 5 章。

4.5 数据的相关性分析

4.5.1 数据的相关性

数据的相关性是指数据之间存在关系的程度。大数据时代，数据的相关性分析因其具有可以快捷、高效地发现事物间内在关联的优势而受到广泛关注，并有效地应用于推荐系统、商业分析、公共管理、医疗诊断等领域。

相关性分析的本质是分析两个或多个变量之间的相关程度，通常用来分析两组或多组数据的变化趋势是否一致，如身高和体重、天气冷和袜子的销量、客户满意度和客户投诉率等。

数据相关性分析的内容主要包括以下几个方面。

（1）变量之间是否存在关系？有还是无？

（2）存在什么样的关系？正向还是负向？

（3）关系的强度如何？大还是小？

4.5.2 相关性分析

数据的相关性分析可以通过相关系数和散点图来实现。

1. 相关系数

数据的相关系数是反映两变量间相关性的统计指标。Pandas 提供了 corr()函数用于计算数据的相关系数，其一般格式如下。

```
DataFrame.corr()
```

该函数默认计算数据的 pearson 相关系数，它通常用于衡量正态连续变量的线性相关关系。相关系数 γ 的取值范围为-1～1，γ 的绝对值越大，相关性越强，γ 越接近 0，相关性越弱，其关系如下。

$$\begin{cases} \gamma > 0, & \text{正相关} \\ \gamma < 0, & \text{负相关} \\ |\gamma| = 0, & \text{不相关} \\ |\gamma| = 1, & \text{完全正相关或负相关} \end{cases}$$

当$0<|\gamma|<1$时，通常通过下面取值范围来判断变量的相关强度。

$$
\begin{cases}
0<|\gamma|\leqslant 0.2, & \text{极弱相关} \\
0.2<|\gamma|\leqslant 0.4, & \text{弱相关} \\
0.4<|\gamma|\leqslant 0.6, & \text{中等相关} \\
0.6<|\gamma|\leqslant 0.8, & \text{强相关} \\
0.8<|\gamma|<1, & \text{极强相关}
\end{cases}
$$

【例 4-10】 计算“营销和产品销量表.xlsx”文件中各变量的相关系数，文件内容如图 4-16 所示。

营销和产品销量表.xlsx - Excel

文件 开始 插入 页面布局 公式 数据 审阅 视图 百度网盘 登录

045

	A	B	C	D	E	F	G	H	I	J
1	日期	费用	展现量	点击量	订单金额	加购数	下单新客数	访问页面数	进店数	商品关注数
2	2020年2月1日	1754.51	38291	504	2932.4	154	31	4730	94	7
3	2020年2月2日	1708.95	39817	576	4926.47	242	49	4645	93	14
4	2020年2月3日	921.05	39912	583	5413.6	228	54	4941	82	13
5	2020年2月4日	1369.76	38085	553	3595.4	173	40	4551	99	6
6	2020年2月5日	1460.02	37239	585	4914.8	189	55	5711	83	16
7	2020年2月6日	1543.76	35196	640	4891.8	207	53	6010	30	6
8	2020年2月7日	1457.93	33294	611	3585.5	151	37	5113	37	7
9	2020年2月8日	1600.38	36216	659	4257.1	240	45	5130	78	11
10	2020年2月9日	1465.57	36275	611	4412.3	174	47	4397	75	12
11	2020年2月10日	1617.68	41618	722	4914	180	45	5670	86	5
12	2020年2月11日	1618.95	44519	792	5699.42	234	63	5825	50	1
13	2020年2月12日	1730.31	50918	898	8029.4	262	78	6399	92	8
14	2020年2月13日	1849.9	49554	883	6819.5	228	67	6520	84	12
15	2020年2月14日	2032.52	52686	938	5697.5	271	59	7040	121	10
16	2020年2月15日	2239.69	60906	978	6007.9	246	68	7906	107	12
17	2020年2月16日	2077.94	58147	989	6476.7	280	72	7029	104	16
18	2020年2月17日	2137.24	59479	1015	6895.4	260	72	6392	101	9
19	2020年2月18日	2103.28	60372	993	5992.3	253	60	6935	100	11
20	2020年2月19日	2220.23	64930	1028	6213.5	251	65	7936	107	10
21	2020年2月20日	2165.57	64262	1038	6716	249	68	7199	112	5
22	2020年2月21日	2007.52	64183	1025	6168.7	283	72	7464	101	11
23	2020年2月22日	2255.24	61190	1025	7232.1	241	70	7339	115	15
24	2020年2月23日	2402.31	63088	1110	8243.8	263	95	8661	154	18
25	2020年2月24日	2251.5	60932	1117	8959.99	307	78	8580	124	7
26	2020年2月25日	1803.63	60821	992	6639	290	74	9046	108	17
27	2020年2月26日	1830.49	48530	956	7868.7	286	77	7680	63	17
28	2020年2月27日	1960.67	55965	940	7235.9	249	75	7075	83	7
29	2020年2月28日	1896.05	49136	892	6299.4	254	69	6869	73	4
30	2020年2月29日	1884.1	49319	958	7488.4	249	83	7744	101	15

Sheet1

图 4-16 “营销和产品销量表.xlsx”文件的内容

【参考代码】

```
import pandas as pd
pd.set_option('display.unicode.east_asian_width', True)
pd.set_option('expand_frame_repr', False)
df = pd.read_excel('营销和产品销量表.xlsx')
print(df.corr())
```

【运行结果】 程序运行结果如图 4-17 所示。

	费用	展现量	点击量	订单金额	加购数	下单新客数	访问页面数	进店数	商品关注数
费用	1.000000	0.856013	0.858597	0.625787	0.601735	0.642448	0.763320	0.650899	0.155748
展现量	0.856013	1.000000	0.938554	0.728037	0.751283	0.756107	0.847017	0.697591	0.209990
点击量	0.858597	0.938554	1.000000	0.854883	0.815858	0.863694	0.910142	0.585917	0.205446
订单金额	0.625787	0.728037	0.854883	1.000000	0.813694	0.947238	0.803193	0.465630	0.279830
加购数	0.601735	0.751283	0.815858	0.813694	1.000000	0.809087	0.776379	0.471594	0.312882
下单新客数	0.642448	0.756107	0.863694	0.947238	0.809087	1.000000	0.842903	0.485570	0.361718
访问页面数	0.763320	0.847017	0.910142	0.803193	0.776379	0.842903	1.000000	0.541397	0.327500
进店数	0.650899	0.697591	0.585917	0.465630	0.471594	0.485570	0.541397	1.000000	0.393864
商品关注数	0.155748	0.209990	0.205446	0.279830	0.312882	0.361718	0.327500	0.393864	1.000000

图 4-17　例 4-10 程序运行结果

【结果分析】　从图 4-17 可以看出，每个变量与自身的相关性为 1，除了“商品关注数”与其他变量的相关性较低外，其余变量之间的相关性都很高，都有一定的正相关。其中，“费用”与“展现量”“点击量”相关性极强。

提　示

corr()函数只计算数值型数据的相关系数。

当列数较多时，Pandas 只默认显示前 3 列和后 3 列，中间数据使用省略号表示。此时，可使用 set_option('expand_frame_repr', False)函数设置显示所有列，且不换行。

2. 散点图

散点图可以直观地呈现两个变量的线性相关性，如图 4-18 所示。

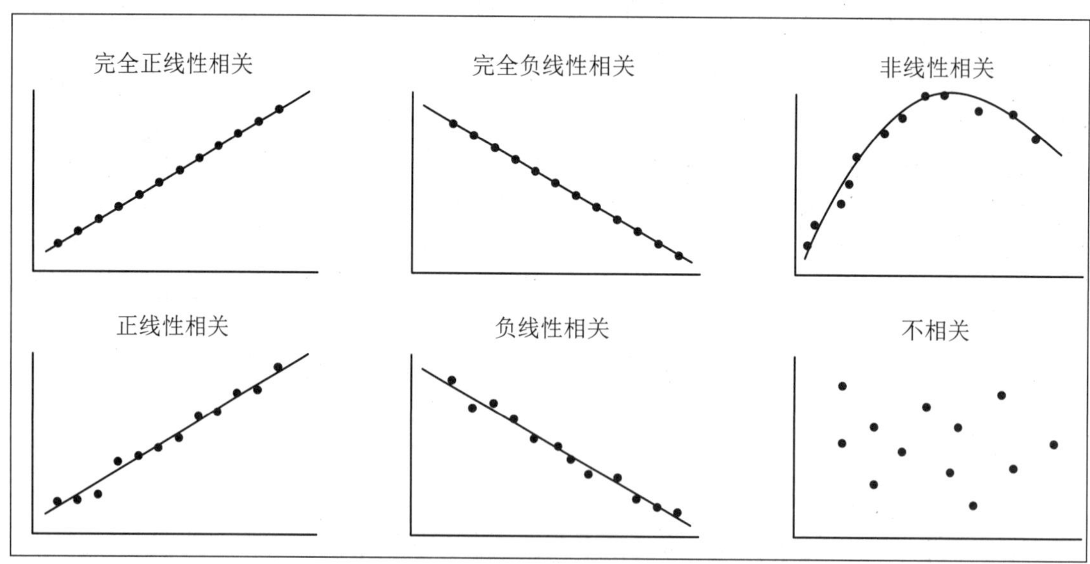

图 4-18　相关关系的散点图

例 4-10 中“费用”与“展现量”的散点图如图 4-19 所示。

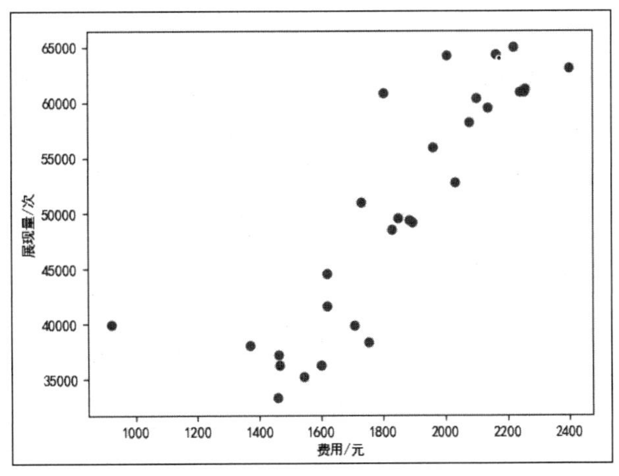

图 4-19 例 4-10 中“费用”与“展现量”的散点图

从图 4-19 可以看出，“费用”与“展现量”呈现正线性相关，且相关性较高，与例 4-10 计算的相关系数结果一致。

提 示

散点图的具体内容可参见第 5 章。

明镜高悬

在进行数据分析时，绝不能侵犯个人隐私，更不能滥用、误用和泄露这些数据。

我国高度重视和保护公民的隐私与信息安全。2021 年 8 月 20 日，第十三届全国人民代表大会常务委员会第三十次会议通过了《中华人民共和国个人信息保护法》，旨在保护个人信息权益，规范和促进个人信息的合理处理及利用。该法明确了个人信息处理和跨境提供的规则、个人信息处理者的义务等内容，规定任何组织、个人不得非法收集、使用、加工、传输他人个人信息，不得非法买卖、提供或公开他人个人信息。此外，该法还针对人们高度关注的“大数据杀熟”“App 过度收集信息”等问题做出了明确规定。

典型案例——互联网广告智能投放数据分析

1. 案例内容

互联网智能广告投放指的是在各种平台针对定向人群进行个性化广告投放，帮助平台运营人员精准、及时触达用户，实现留存、促活、增长业务的目标。它的目的是降低广告投放费用，提高广告投放效率和精准度。本案例将通过互联网广告的投放渠道、价格、时间、是否点击、城市等级、年龄层次等，分析广告的投放情况。

2. 案例分析

（1）导入“互联网广告智能投放数据.xlsx”文件中的数据，文件内容如图 4-20 所示。

用户ID	性别	年龄层次	消费等级	购物深度	城市等级	广告ID	商品类目ID	品牌ID	价格（元）	投放时间	渠道	是否点击
1	男	5	高	中	4	133190	37	169635	2560	2021/7/9 14:45	新闻平台	否
3	男	6	高	中	4	107685	4385	362586	128	2021/7/5 7:07	QQ	否
7	女	1	低	中	1	177553	7266	210257	13	2021/7/10 16:15	微信	否
7	女	1	低	中	1	177553	7266	210257	13	2021/7/5 21:07	微信	否
126	男	5	高	中	4	70764	10398	372532	5	2021/7/7 23:18	新闻平台	否
296	男	6	高	中	1	34216	4568	93597	1244	2021/7/11 21:24	QQ	否
299	女	5	中	深	3	53148	8861	241958	1280	2021/7/10 21:54	浏览器	是
354	男	1	高	中	1	83576	1016	141280	588	2021/7/11 22:55	QQ	否
486	男	1	高	中	1	139759	6261	128743	481	2021/7/9 20:32	微博	否
574	女	5	高	中	1	123713	4285	7713	1520	2021/7/9 11:49	短视频平台	否
574	女	5	高	中	1	123713	4285	7713	1520	2021/7/9 10:01	短视频平台	否
628	男	1	高	中	1	171992	5989	116349	119	2021/7/6 17:24	短视频平台	否
720	男	5	高	中	4	180170	6872	289637	912	2021/7/10 19:14	新闻平台	否
941	男	1	低	中	1	61330	4283	315477	60	2021/7/7 21:22	新闻平台	否
1079	女	5	高	中	1	103030	6427	90085	329	2021/7/10 23:50	QQ	否
1082	女	5	高	中	4	25687	6189	21488	2180	2021/7/11 7:28	新闻平台	否
1084	男	6	高	中	4	59433	4596	440494	63.61	2021/7/10 10:17	新闻平台	否
1106	男	5	低	中	4	159259	4520	415522	99	2021/7/7 21:37	新闻平台	否
1199	男	5	高	中	1	183384	8045	18141	125	2021/7/6 21:42	新闻平台	否

图 4-20 “互联网广告智能投放数据.xlsx”文件的内容（部分）

（2）将投放时间转换成时间型数据，并提取其中的“hour”信息，替换原来的投放时间。

（3）将数据按渠道分组，并以价格求和聚合计算每个渠道的总额；然后按总额降序排名；最后按排名升序排序。

（4）制作渠道和是否点击的交叉表，并按比例显示。

（5）计算年龄层次、城市等级、价格和投放时间的相关系数。

3. 案例实施

【参考代码】

```
import pandas as pd
pd.set_option('display.unicode.east_asian_width', True)
df = pd.read_excel('互联网广告智能投放数据.xlsx')
df['投放时间'] = pd.to_datetime(df['投放时间']).dt.hour
df1 = df.groupby('渠道').agg({'价格（元）': 'sum'})
df1['排名'] = df1.rank(method='first', ascending=False)
df1.sort_values(by='排名', ascending=True, inplace=True)
print('按渠道的总额降序排名，以及按排名升序排序：\n', df1)
df2 = pd.crosstab(index=df['渠道'], columns=df['是否点击'],
margins_name='比例', margins=True, normalize=True)
print('渠道和是否点击的交叉表：\n', df2)
```

```
df3 = df[['年龄层次', '城市等级', '价格（元）', '投放时间']]
print('年龄层次、城市等级、价格和投放时间的相关系数：\n', df3.corr())
```

【运行结果】 程序运行结果如图 4-21 所示。

```
按渠道的总额降序排名，以及按排名升序排序：
              价格（元）   排名
渠道
新闻平台     5634481.82   1.0
QQ           3094111.80   2.0
浏览器       2981624.82   3.0
微博         2831106.16   4.0
短视频平台   2621087.73   5.0
微信         2062663.38   6.0
渠道和是否点击的交叉表：
 是否点击           否          是          比例
渠道
QQ           0.177020   0.003865   0.180885
微信         0.089376   0.007730   0.097105
微博         0.089134   0.058094   0.147228
新闻平台     0.249889   0.013567   0.263457
浏览器       0.079915   0.081364   0.161279
短视频平台   0.120979   0.029067   0.150046
比例         0.806313   0.193687   1.000000
年龄层次、城市等级、价格和投放时间的相关系数：
             年龄层次    城市等级    价格（元）    投放时间
年龄层次    1.000000   0.012548    0.013655  -0.002413
城市等级    0.012548   1.000000   -0.028131  -0.001319
价格（元）  0.013655  -0.028131    1.000000   0.004839
投放时间   -0.002413  -0.001319    0.004839   1.000000
```

图 4-21 “互联网广告智能投放数据分析”程序运行结果

【结果分析】 从每个渠道的总额降序排名，以及按排名升序排序可以看出，新闻平台投放广告的总额最多，微信投放广告的总额最少；从渠道和是否点击的交叉表可以看出，浏览器的点击率较高，QQ 的点击率较低，但是总点击率较低，说明广告的投放效果不是很好；从年龄层次、城市等级、价格和投放时间的相关系数可以看出，年龄层次和投放时间、城市等级和价格、城市等级和投放时间为负相关，其余为正相关，但是这 4 个变量之间的相关性都很低。

课堂实训 4

1. 实训目标

（1）练习使用 Pandas 对数据进行排序和排名分析。

（2）练习使用 Pandas 对数据进行交叉表和透视表分析。

2. 实训内容

（1）导入“互联网广告智能投放数据.xlsx”文件中的数据，并将投放时间转换成时间型数据，并提取其中的“hour”信息，替换原来的投放时间。

（2）制作渠道和性别的交叉表，并按比例显示。

（3）对是否点击列进行编码，以渠道作为行字段、性别作为列字段、编码后的“是”作为统计字段、和作为统计指标制作透视表。

本章考核 4

1. 选择题

（1）按索引或标签排序的函数是（　　）。

A. sort_values()　　B. sort_index()

C. sort()　　D. index()

（2）sort_values()函数中的 ascending 参数设置为 False 表示（　　）。

A. 升序排序　　B. 降序排序

C. 按默认方式排序　　D. 随机排序

（3）对于数值型数据，使用 describe()函数进行统计分析时，结果不包括（　　）。

A. 最大值　　B. 最小值　　C. 众数　　D. 中位数

（4）计算数据分布偏度的函数是（　　）。

A. skew()　　B. corr()　　C. mode()　　D. kurt()

（5）计算数据分布峰度的函数是（　　）。

A. skew()　　B. corr()　　C. mode()　　D. kurt()

（6）制作数据交叉表的函数是（　　）。

A. pivot_table()　　B. corr()

C. mode()　　D. crosstab()

（7）pivot_table()函数中的参数 aggfunc 表示（　　）。

A. 行字段　　B. 列字段

C. 统计指标　　D. 统计字段

（8）请阅读下列程序：

```
import pandas as pd
s = pd.Series(range(1, 6), index=[5, 3, 0, 4, 2])
print(s.sort_index())
```

执行上述程序后，输出结果为（　　）。

A.
```
5    1
3    2
0    3
4    4
2    5
```
B.
```
0    3
2    5
3    2
4    4
5    1
```
C.
```
5    1
4    4
3    2
2    5
0    3
```
D.
```
2    5
4    4
0    3
3    2
5    1
```

（9）请阅读下列程序：

```
import pandas as pd
s = pd.Series(range(1, 6), index=[5, 3, 0, 4, 2])
print(s.sort_values())
```

执行上述程序后，输出结果为（　　）。

A.
```
5    1
3    2
0    3
4    4
2    5
```
B.
```
0    3
2    5
3    2
4    4
5    1
```
C.
```
5    1
4    4
3    2
2    5
0    3
```
D.
```
2    5
4    4
0    3
3    2
5    1
```

（10）请阅读下列程序：

```
import pandas as pd
s = pd.Series([4, 3, 1, 4, 2])
print(s.rank())
```

执行上述程序后，输出结果为（　　）。

A.
```
0    4.5
1    3.0
2    1.0
3    4.5
4    2.0
```
B.
```
0    4.0
1    3.0
2    1.0
3    4.0
4    2.0
```
C.
```
0    5.0
1    3.0
2    1.0
3    5.0
4    2.0
```
D.
```
0    4.0
1    3.0
2    1.0
3    5.0
4    2.0
```

2. 填空题

（1）使用 median()函数计算数据 5、3、6、7、4、2 的结果是____________。

（2）对于字符型数据，使用 describe()函数进行统计分析时，获取出现次数最多的数据的属性是____________。

（3）如果数据的偏度为 0.2，则数据服从____________分布。

（4）如果数据之间的相关系数为 0.7，说明数据之间的相关关系为________相关。

（5）如果采用 rank(method='max', ascending=False)函数对数据 100、80、95、90、95、85 进行排名，则 95 的排名是__________。

（6）计算数据之间相关系数的函数是__________。

（7）以 DataFrame 对象 df 中的性别作为行字段、年龄作为列字段、消费金额作为统计字段、和作为统计指标，制作透视表的方法是______________。

（8）标准正态分布的均值为__________，标准差为__________。

（9）执行下列程序，输出结果为_____________。

```
import pandas as pd
df = pd.DataFrame([['A', 'C', 'B'], ['B', 'A', 'C'], ['A', 'B', 'C'], ['A', 'B', 'C']], columns=['a', 'b', 'c'])
print(df.value_counts(['b', 'c'], normalize=True))
```

（10）执行下列程序，输出结果为_____________。

```
import pandas as pd
df = pd.DataFrame([2, 5, 5, 5, 3, 4], columns=['原始数据'])
df['排名'] = df.rank(method='first', ascending=False)
df = df.sort_values(by='排名')
print(df)
```

3. 实践题

现有“超市运营数据.xlsx”文件，内容如图 4-22 所示。

	A	B	C	D	E	F	G	H	I	J	K	L
1	订单日期	计划发货天数	客户名称	客户类型	城市	省/自治区	地区	价格	数量	折扣	销售经理	是否退回
2	2021/1/1	6	彭博	公司	沈阳	辽宁	东北	2.73	94	0	郝杰	1
3	2021/1/3	3	洪毅	公司	宁波	浙江	华东	5.28	12	0.4	杨洪光	0
4	2021/1/3	3	洪毅	公司	宁波	浙江	华东	1.72	15	0.4	杨洪光	0
5	2021/1/3	3	洪毅	公司	宁波	浙江	华东	1.42	14	0.4	杨洪光	0
6	2021/1/3	3	洪毅	公司	宁波	浙江	华东	8.94	11	0.4	杨洪光	0
7	2021/1/3	6	薛磊	消费者	湛江	广东	中南	4.99	13	0	王倩倩	1
8	2021/1/3	6	薛磊	消费者	湛江	广东	中南	4.8	11	0.1	王倩倩	0
9	2021/1/3	3	黄丽	消费者	廊坊	河北	华北	8.9	94	0	张怡莲	0
10	2021/1/4	6	佘宁	消费者	开远	云南	西南	6.82	13	0	姜伟	0
11	2021/1/4	6	佘宁	消费者	开远	云南	西南	10.22	14	0	姜伟	0
12	2021/1/4	6	佘宁	消费者	开远	云南	西南	2.06	14	0	姜伟	0
13	2021/1/4	1	白婵	公司	南通	江苏	华东	7.69	13	0	杨洪光	0
14	2021/1/4	6	佘宁	消费者	开远	云南	西南	9.43	93	0	姜伟	0
15	2021/1/4	6	彭丽雪	小型企业	长春	吉林	东北	9	13	0	郝杰	0
16	2021/1/4	1	白婵	公司	南通	江苏	华东	7.99	61	0.4	杨洪光	0
17	2021/1/4	6	彭丽雪	小型企业	长春	吉林	东北	6.14	61	0	郝杰	1
18	2021/1/5	6	邵伟	公司	万县	重庆	西南	8.54	12	0	姜伟	0
19	2021/1/5	6	钟松	公司	常州	江苏	华东	10.43	43	0	杨洪光	0
20	2021/1/5	6	钟松	公司	常州	江苏	华东	7.21	12	0.4	杨洪光	0

图 4-22 “超市运营数据.xlsx”文件的内容（部分）

（1）分别按客户类型和销售经理的总额降序排名，以及按排名升序排序。

（2）统计每个客户类型的总数，以及价格的平均值、最大值和最小值。

（3）制作客户类型和销售经理的交叉表。

（4）以计划发货天数作为行字段、折扣作为列字段、数量作为统计字段、和作为统计指标，制作透视表。

（5）计算计划发货天数、价格、数量和折扣之间的相关系数。

第 5 章

Matplotlib 数据可视化

本章导读

通过前面章节的学习，我们学会了数据的预处理和分析，但同时也发现数据分析的结果都是数字，看起来很不直观，而且在数据较多的情况下无法完全展示。此时，可以通过图表等可视化技术直观地展示数据信息，帮助我们快速了解数据的变化趋势、对比结果、所占比例等。于是，Python 提供了 Matplotlib 库对数据进行可视化展示和分析。

学习目标

- 了解图形的基本要素，掌握绘图的基本步骤和设置图形样式的方法。
- 掌握绘制折线图的方法。
- 掌握绘制直方图的方法。
- 掌握绘制柱状图的方法。
- 掌握绘制饼状图的方法。
- 掌握绘制散点图的方法。
- 掌握绘制箱形图的方法。
- 能根据数据的特点选择合适的可视化图形对数据进行分析和展示。

素质目标

- 理解国家大数据战略，构建大数据思维和时代意识。
- 锻炼具体问题具体分析的思维方法，培养一丝不苟的工作态度，增强积极主动寻求解决方法的意识。

5.1 绘图基础

5.1.1 图形的基本要素

使用 Matplotlib 实现数据可视化的图表有很多种，但每一种图表一般都是由画布、绘图区、图表标题、坐标轴、坐标轴标题、图例、文本标签、网格线等组成，如图 5-1 所示。

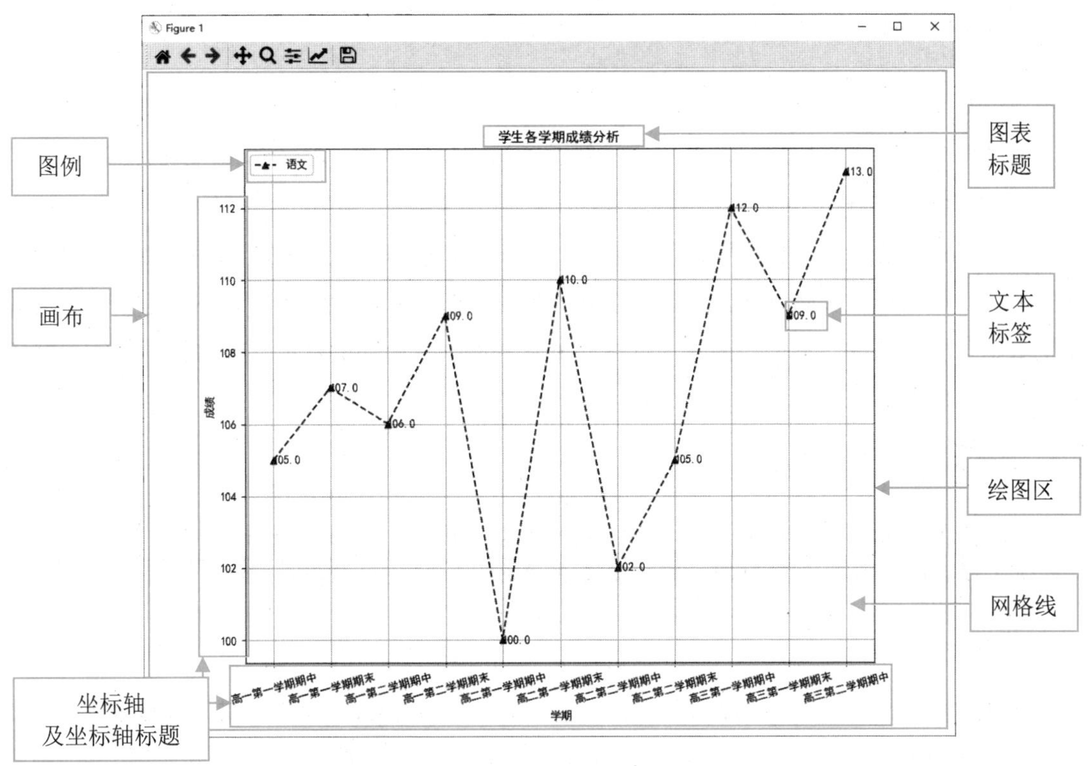

图 5-1 图表的基本组成

（1）画布：绘图窗口中的白色区域，作为其他组成部分的容器。

（2）绘图区：显示图形的矩形区域，一张画布中可以包含多个绘图区。

（3）图表标题：说明图表的内容，如“学生各学期成绩分析”。

（4）坐标轴及坐标轴标题：坐标轴是标识分类或数值大小的水平和垂直线，即 x 轴和 y 轴，具有标定数据值的刻度，如 x 轴的“高一第一学期期中”、y 轴的 102 等；坐标轴标题用于说明坐标轴数据的含义，如 x 轴的标题“学期”、y 轴的标题“成绩”。

绘图基础

（5）图例：说明图表的线条、颜色或标记。

（6）文本标签：为数据添加说明文字。

（7）网格线：贯穿绘图区的线条，衡量数据的数值标准。

5.1.2 绘图的基本步骤

1．导入绘图库

使用 Matplotlib 库（使用之前须安装）绘制图表时，最常使用的是其中的 pyplot 模块。因此，绘制图形前，须导入 pyplot 模块，其一般格式如下。

```
import matplotlib.pyplot as plt
```

2．创建画布

pyplot 模块提供了 figure()函数用于创建一张新的空白画布，其一般格式如下。

```
figure(num=None, figsize=None, facecolor=None)
```

其中，num 表示画布的编号或名称，取整数表示编号，取字符串表示名称，默认为编号，从 1 开始，如果创建多张画布，则编号会依次增加；figsize 表示画布的大小，为一个元组，分别表示宽度和高度，单位为英寸，默认为(6.4, 4.8)；facecolor 表示画布的背景颜色，默认为白色。该函数返回一个 Figure 对象。

提 示

在 pyplot 模块中，默认包含一个 Figure 对象。因此，如果只在一张画布中绘制图形，无须使用 figure()函数创建画布，当需要多张画布时，再使用 figure()函数。

3．绘制和显示图形

pyplot 模块提供了多种函数用于绘制图形，最主要的是 plot()函数，其一般格式如下。

```
plot([x], y, [fmt])
```

其中，[]表示可选参数；*x* 表示 *x* 轴数据；*y* 表示 *y* 轴数据；fmt 表示线条的样式，具体内容详见 5.1.3 节。

图形绘制完成后，还需要使用 pyplot 模块的 show()函数显示图形。

【例 5-1】 绘制学生的语文成绩分析图。

【问题分析】 首先导入“学生各学期成绩表.xlsx”文件中的数据（见图 5-2）；然后使用默认的 Figure 对象，绘制语文成绩图形；最后使用 figure()函数创建新画布，并设置名称为“学生成绩”、大小为(5, 4)、背景颜色为“yellow”（黄色），再次绘制语文成绩图形。

学生各学期成绩表.xlsx - Excel

	A	B	C	D	E	F
1	序号	学期	语文	数学	英语	综合
2	1	高一第一学期期中	105	101	109	240
3	2	高一第一学期期末	107	110	107	235
4	3	高一第二学期期中	106	105	110	229
5	4	高一第二学期期末	109	99	101	234
6	5	高二第一学期期中	100	107	104	236
7	6	高二第一学期期末	110	112	98	230
8	7	高二第二学期期中	102	119	106	232
9	8	高二第二学期期末	105	115	110	249
10	9	高三第一学期期中	112	106	100	238
11	10	高三第一学期期末	109	116	101	252
12	11	高三第二学期期中	113	120	105	250

Sheet1

图 5-2 “学生各学期成绩表.xlsx”文件的内容

【参考代码】

```
import matplotlib.pyplot as plt
import pandas as pd
df = pd.read_excel('学生各学期成绩表.xlsx')
x = df['序号']
y = df['语文']
plt.plot(x, y)
plt.figure('学生成绩', (5, 4), facecolor='yellow')
plt.plot(x, y)
plt.show()
```

【运行结果】 程序运行结果如图 5-3 所示。

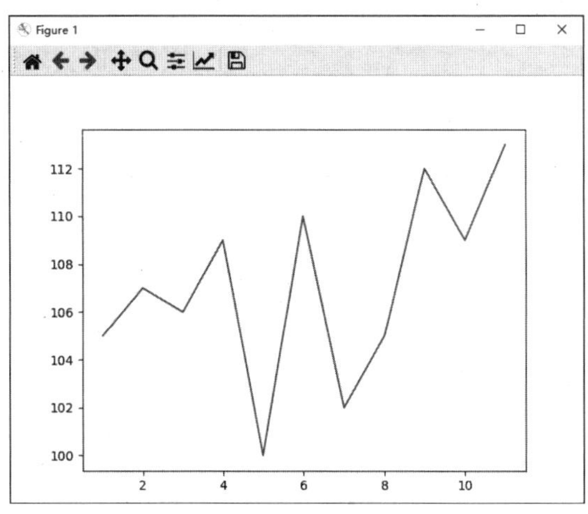

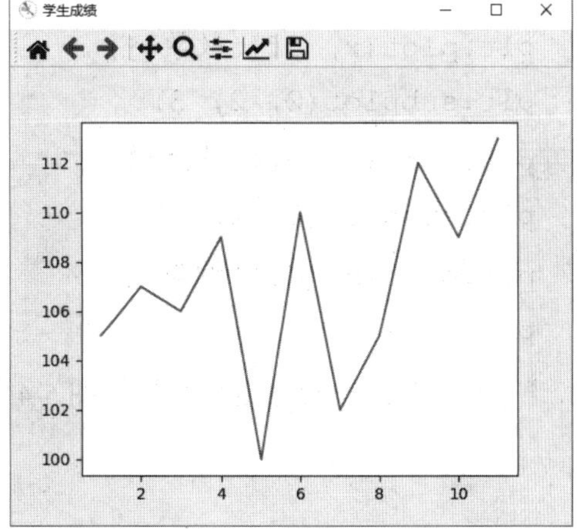

图 5-3 例 5-1 程序运行结果

提 示

如果想要保存绘制的图形，可以使用 pyplot 模块的 savefig(fname)函数，且须在 show()函数前执行。其中，fname 表示保存的文件名，可以包含路径。例如，将图形保存在 D 盘根目录下，并命名为“语文成绩.png”，可以使用下面代码实现。

plt.savefig('D:\语文成绩.png')

4．创建子图

一张画布中可以包含一个或多个子图（即绘图区），即一个 Figure 对象中可以包含一个或多个 Axes 对象。pyplot 模块提供了 subplot()函数用于创建多个子图，其一般格式如下。

```
subplot(nrows, ncols, index)
```

其中，nrows 和 ncols 表示将画布划分为 nrows 行 ncols 列，默认都为 1；index 表示子图的编号，取值范围为 1～nrows×ncols，在画布中从左往右计算，默认为 1。例如，subplot()表示绘制一个子图；subplot(2, 3, 5)表示将画布划分为 2 行 3 列，且子图的编号为 5，即第 2 行第 2 列的绘图区。

【例 5-2】 创建 4 个子图绘制学生各学期的语文、数学、英语和综合成绩分析图。

【参考代码】

```
import matplotlib.pyplot as plt
import pandas as pd
df = pd.read_excel('学生各学期成绩表.xlsx')
plt.figure(figsize=(12, 8))
x = df['序号']
plt.subplot(2, 2, 1)
plt.plot(x, df['语文'])
plt.subplot(2, 2, 2)
plt.plot(x, df['数学'])
plt.subplot(2, 2, 3)
plt.plot(x, df['英语'])
plt.subplot(2, 2, 4)
plt.plot(x, df['综合'])
plt.show()
```

【运行结果】 程序运行结果如图 5-4 所示。

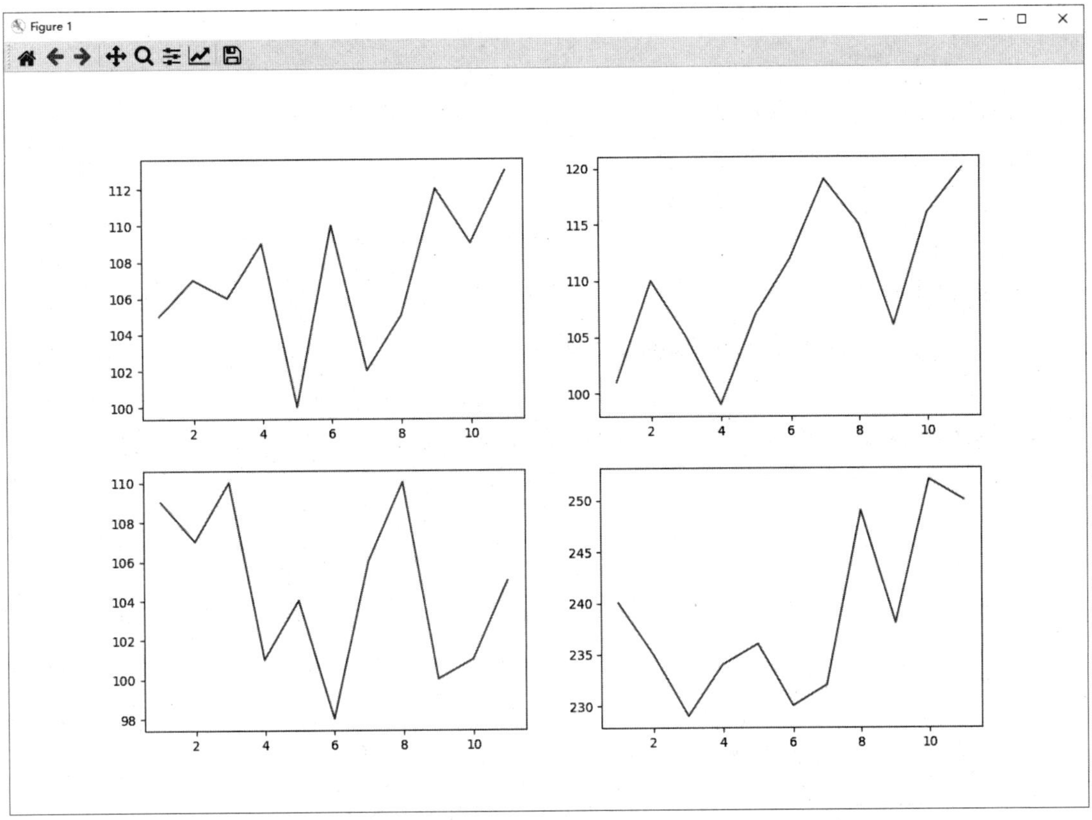

图 5-4　例 5-2 程序运行结果

【程序说明】　为避免 x 轴和 y 轴的刻度标签显示小数，须使用 figure()函数设置画布的大小。

此外，pyplot 模块还提供了 subplots()函数用于创建多个子图，其一般格式如下。

```
subplots(nrows, ncols, figsize)
```

该函数返回一个元组，元组的第一个元素为 Figure 对象，第二个元素为 Axes 对象（一个子图）或 Axes 对象数组（多个子图）。

【例 5-3】　使用 subplots()函数实现例 5-2。

【参考代码】

```
import matplotlib.pyplot as plt
import pandas as pd
df = pd.read_excel('学生各学期成绩表.xlsx')
fig, axes = plt.subplots(2, 2, figsize=(12, 8))
ax1 = axes[0, 0]
ax2 = axes[0, 1]
ax3 = axes[1, 0]
```

```
ax4 = axes[1, 1]
x = df['序号']
ax1.plot(x, df['语文'])
ax2.plot(x, df['数学'])
ax3.plot(x, df['英语'])
ax4.plot(x, df['综合'])
plt.show()
```

【运行结果】 程序运行结果如图 5-5 所示。

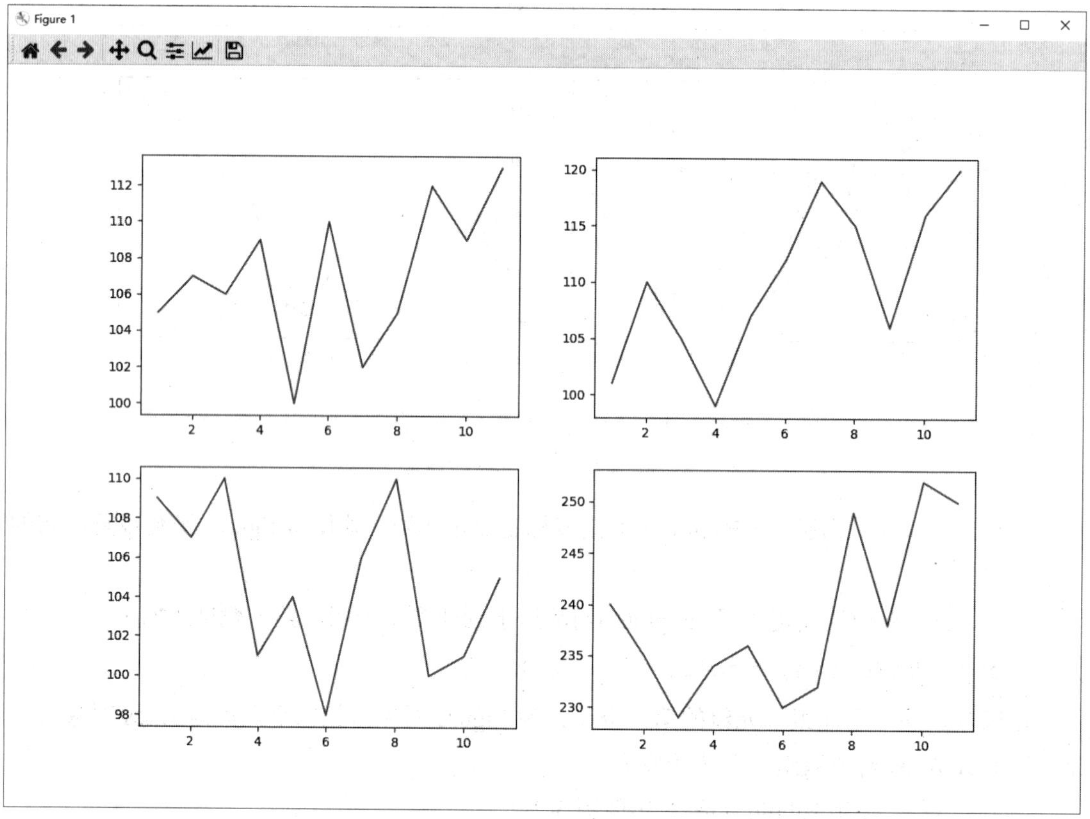

图 5-5 例 5-3 程序运行结果

5. 设置图表和坐标轴标题

pyplot 模块提供了 title()函数用于设置图表的标题，其一般格式如下。

```
title(label)
```

其中，label 表示标题字符串。

pyplot 模块还提供了 xlabel()函数和 ylabel()函数用于分别设置 x 轴和 y 轴的标题，其一般格式如下。

```
xlabel(xlabel)
ylabel(ylabel)
```

6. 设置文本标签

pyplot 模块提供了 text()函数用于设置文本标签，其一般格式如下。

```
text(x, y, s, **kwargs)
```

其中，*x* 和 *y* 表示需要设置标签的数据的 *x* 轴和 *y* 轴坐标；*s* 表示标签的文本，为字符串；**kwargs 表示标签的参数，如 fontsize=12 表示字体大小为 12、ha='center'表示垂直对齐方式为居中、va='left'表示水平对齐方式为左对齐。

7. 设置图例

pyplot 模块提供了 legend()函数用于设置图例，其一般格式如下。

```
legend(labels, loc)
```

其中，labels 表示图例的文本，为字符串或字符串列表；loc 表示图例显示的位置，默认为“best”，具体的位置参数取值如表 5-1 所示。

表 5-1 图例位置参数取值

取 值	说 明	取 值	说 明	取 值	说 明
best	自适应	lower right	右下方	center left	左侧居中
upper right	右上方	lower left	左下方	right	右侧
upper left	左上方	lower center	下方居中	center	正中
upper center	上方居中	center right	右侧居中		

此处，需要特别注意的是，由于图例中会使用图形的样式，因此设置图例须在图形绘制完成后进行。

提 示 

当设置一个图例时，会出现文本显示不全的问题。此时，可以将图例的文本使用括号括起来，然后在文本后加一个逗号，如 legend(('语文',))。

8. 设置网格线

pyplot 模块提供了 grid()函数用于设置网格线，其一般格式如下。

```
grid(axis='both')
```

其中，axis 表示网格线的方向，取“x”表示显示 *x* 轴网格线，取“y”表示显示 *y* 轴网格线，取“both”表示显示 *x* 轴和 *y* 轴网格线，默认为“both”。

9．设置坐标轴刻度

pyplot 模块提供了 xticks()函数和 yticks()函数用于分别设置 x 轴和 y 轴的刻度，其一般格式如下。

```
xticks(locs, [labels], rotation)
yticks(locs, [labels], rotation)
```

其中，locs 表示坐标轴上的刻度，为数值型数组；labels 表示刻度的标签，也为数组，为可选参数；rotation 表示坐标轴刻度及其标签逆时针旋转的角度。当 locs 和 labels 同时设置时，只显示 labels 的值。

【例 5-4】　绘制学生各学期的语文成绩分析图，并设置画布大小、图表和坐标轴标题、文本标签、图例、网格线（隐藏 y 轴网格线）和 x 轴刻度标签。

【参考代码】

```
import matplotlib.pyplot as plt
import pandas as pd
df = pd.read_excel('学生各学期成绩表.xlsx')
plt.figure(figsize=(10, 8))
x = df['序号']
y = df['语文']
plt.rcParams['font.sans-serif'] = 'SimHei'
plt.title('学生各学期成绩分析')
plt.xlabel('学期')
plt.ylabel('成绩')
for a, b in zip(df['序号'], df['语文']):
    plt.text(a, b, '%.1f' % b, ha='center')
plt.grid(axis='y')
plt.xticks(range(11), df['学期'], rotation=15)
plt.plot(x, y)
plt.legend(('语文',))
plt.show()
```

【运行结果】　程序运行结果如图 5-6 所示。

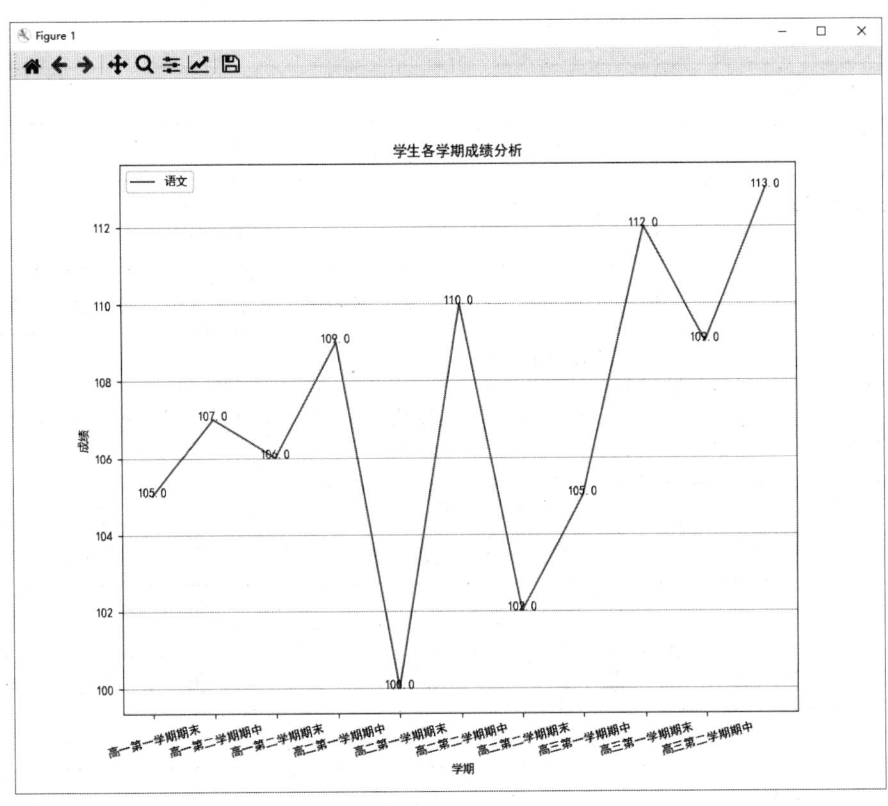

图 5-6　例 5-4 程序运行结果

【程序说明】　设置文本标签时，由于要设置每个数据的标签，故可使用 for 循环获取序号列和语文列对应的数据分别作为标签的 x 和 y 坐标，并将语文列数据的值格式化为字符串作为标签的文本。由于 x 轴的刻度标签较长，为避免重叠，须使用 figure()函数设置画布的大小，并在 xticks()函数中设置刻度标签逆时针旋转 15 度。

5.1.3　图形样式设置

pyplot 模块可以使用 rcParams 参数修改图形的各种默认属性，包括画布大小，线条宽度、类型和标记及其大小，中文字体及其大小，坐标轴刻度显示方向，颜色循环等。常用的 rcParams 参数如表 5-2 所示。

表 5-2　常用的 rcParams 参数

参　数	说　明
figure.figsize	表示画布大小
lines.linewidth	表示线条宽度
lines.linestyle	表示线条类型，可取“-”（实线）、“--”（双画线）、“-.”（点画线）、“:”（虚线），默认为“-”

（续表）

参 数	说 明
lines.marker	表示线条标记，常用的取值及其说明如表 5-3 所示
lines.markersize	表示线条标记大小
font.sans-serif	表示显示的中文字体，可取“SimHei”（黑体）、“KaiTi”（楷体）、“FangSong”（仿宋）等，当图表中显示中文时，必须设置此参数
font.size	表示字体大小
xtick.direction/ytick.direction	表示 x 轴和 y 轴刻度线显示方向，可取“out”（向外）、“in”（向内），默认为“out”
axes.prop_cycle	表示颜色循环，默认包含 10 种颜色，当在同一子图中绘制不同图形时，会默认按顺序设置为其中的颜色，当图形数大于 10 时，自动循环

表 5-3 常用的线条标记取值

取 值	说 明	取 值	说 明	取 值	说 明
.	点	1	下花三角	h	竖六边形
,	像素	2	上花三角	H	横六边形
o	实心圆	3	左花三角	+	加号
v	倒三角	4	右花三角	×	叉号
^	上三角	s	实心正方形	D	大菱形
>	右三角	p	实心五角形	d	小菱形
<	左三角	*	星形	|	垂直线

通过 rcParams 参数可以统一设置所有图形的样式，还可以通过绘制图形的函数分别设置每个图形的样式，包括颜色、类型和标记，如 plot()。其中，颜色取值可以有下面 3 种。

（1）指定的 Tk 标准颜色字符串，如“Red”（红色）、“Yellow”（黄色）、“#ff0000”（红色）等。

（2）使用 r、g、b 元组表示的 RGB 颜色，r、g、b 取值范围为 0～1，如(1.0,0,0)（红色）。

（3）颜色的缩写，但只限于 8 种颜色，包括“b”（蓝色）、“g”（绿色）、“r”（红色）、“c”（蓝绿色）、“m”（洋红色）、“y”（黄色）、“k”（黑色）、“w”（白色）。当使用颜色的缩写时，可以与类型、标记组合设置线条样式，如“r:o”表示红色的实心圆虚线。

提 示

在 plot()函数中可以使用颜色的缩写、类型和标记的组合方法设置线条样式，如“y-*”表示黄色的星形实线。如果不设置线条类型，则只会绘制数据的点，不会绘制连接的线条，即散点图。

【例 5-5】 在同一子图中绘制学生各学期的语文、数学和英语成绩分析图。

【问题分析】 使用 rcParams 参数设置画布大小[(10, 6)]、中文字体（黑体）、坐标轴刻度线显示方向（向内）；然后使用 plot()函数绘制图形，并设置语文图形样式为上三角双画线、数学图形样式为实心圆点画线、英语图形样式为红色小菱形虚线；最后使用列表同时设置 3 个图形的图例。

【参考代码】

```
import matplotlib.pyplot as plt
import pandas as pd
df = pd.read_excel('学生各学期成绩表.xlsx')
plt.rcParams['figure.figsize'] = (10, 6)
plt.rcParams['font.sans-serif'] = 'SimHei'
plt.rcParams['xtick.direction'] = 'in'
plt.rcParams['ytick.direction'] = 'in'
plt.title('学生各学期成绩分析')
plt.xlabel('学期')
plt.ylabel('成绩')
plt.xticks(rotation=15)
plt.grid()
x = df['学期']
plt.plot(x, df['语文'], '--^')
plt.plot(x, df['数学'], '-.o')
plt.plot(x, df['英语'], 'r:d')
plt.legend(['语文', '数学', '英语'])
plt.show()
```

【运行结果】 程序运行结果如图 5-7 所示。

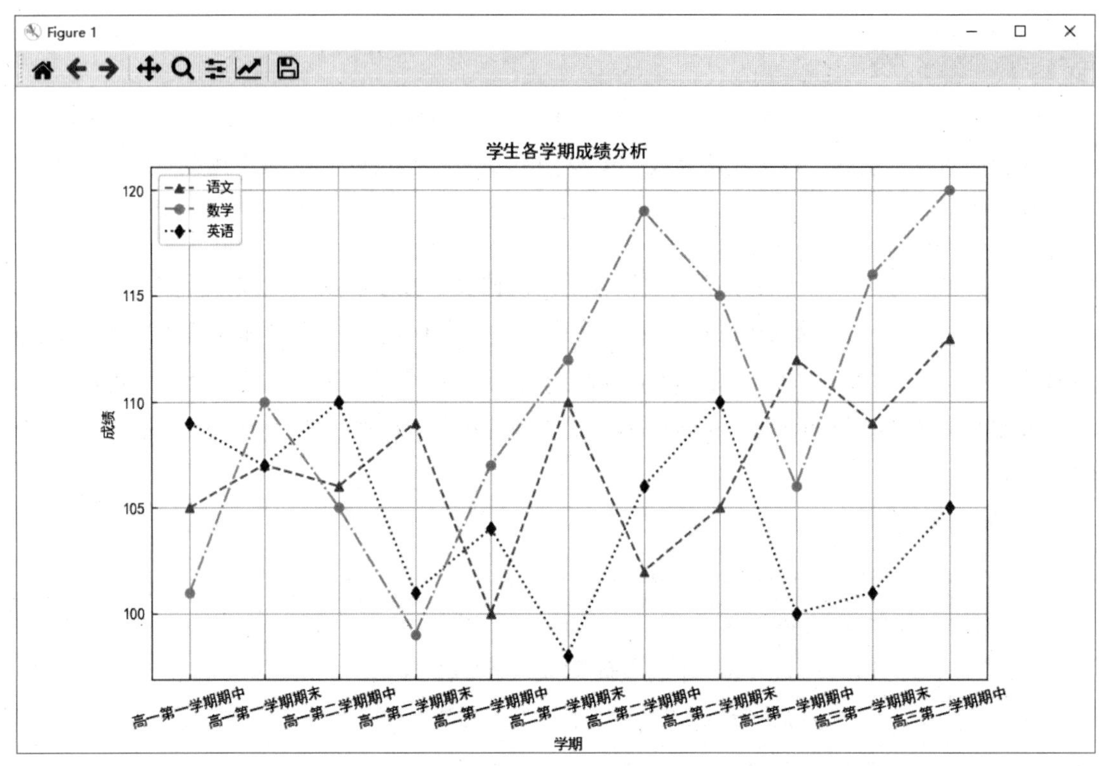

图 5-7　例 5-5 程序运行结果

提　示

pyplot 模块还提供了 rc()函数用于同时设置多个参数。例如，设置线条的类型和标记，可以使用下面代码实现。

rc('lines', linestyle ='--', marker ='.')

5.2 常用图表的绘制

在数据的可视化中，常用的图表有折线图、直方图、柱状图、饼状图、散点图和箱形图等。Matplotlib 的 pyplot 模块提供了多种函数用于绘制图表，下面介绍常用图表的绘制方法。

5.2.1 折线图

折线图是一种将数据点按照顺序连接起来的图形，它直观地反映了数据的变化趋势，如表示气温、月销量、平台访问量等的趋势。一般用 x 轴表示数据的类别，用 y 轴表示其对应的值。

绘制折线图主要使用 plot()函数，5.1 节中绘制的图表都属于折线图。

【例 5-6】 使用折线图按行业分析 2003—2020 年城镇单位就业人员年平均工资的变化趋势。

【问题分析】 首先导入“城镇单位就业人员年平均工资.xlsx”文件“按行业”工作表中的数据（见图 5-8），删除“城镇单位”行及“2001 年”和“2002 年”列的数据，并将数据按列标签进行升序排序；接着使用 rcParams 参数设置画布大小、中文字体、颜色循环（随机生成大小为行数的 r、g、b 元组列表）；然后设置图表、*x* 轴和 *y* 轴标题；最后以年份为 *x* 轴数据、每个行业的平均资为 *y* 轴数据绘制折线图，并以行标签设置图例。

城镇单位就业人员年平均工资.xlsx - Excel

	2020年	2019年	2018年	2017年	2016年	2015年	2014年	2013年	2012年	2011年	2010年	2009年	2008年	2007年	2006年	2005年	2004年	2003年	2002年	2001年
城镇单位	97379	90501	82413	74318	67569	62029	56360	51483	46769	41799	36539	32244	28898	24721	20856	18200	15920	13969	12373	10834
农、林、牧、渔业	48540	39340	36466	36504	33612	31947	28356	25820	22687	19469	16717	14356	12560	10847	9269	8207	7497	6884		
采矿业	96674	91068	81429	69500	60544	59404	61677	60138	56946	52230	44196	38038	34233	28185	24125	20449	16774	13627		
制造业	82783	78147	72088	64452	59470	55324	51369	46431	41650	36665	30916	26810	24404	21144	18225	15934	14251	12671		
电力、燃气及水的生产和供应业	116728	107733	100162	90348	83863	78886	73339	67085	58202	52723	47309	41869	38515	33470	28424	24750	21543	18574		
建筑业	69986	65580	60501	55568	52082	48886	45804	42072	36483	32103	27529	24161	21223	18482	16164	14112	12578	11328		
交通运输、仓储和邮政业	100642	97050	88508	80225	73650	68822	63416	57993	53391	47078	40466	35315	32041	27903	24111	20911	18071	15753		
信息传输、计算机服务和软件业	177544	161352	147678	133150	122478	112042	100845	90915	80510	70918	64436	58154	54906	47700	43435	38799	33449	30897		
批发和零售业	96521	89047	80551	71201	65061	60328	55838	50308	46340	40654	33635	29139	25818	21074	17796	15256	13012	10894		
住宿和餐饮业	48833	50346	48260	45751	43382	40806	37264	34044	31267	27486	23382	20860	19321	17046	15236	13876	12618	11198		
金融业	133390	131405	129837	122851	117418	114777	108273	99653	89743	81109	70146	60398	53897	44011	35495	29229	24299	20780		
房地产业	83807	80157	75281	69277	65497	60244	55568	51048	46764	42837	35870	32242	30118	26085	22238	20253	18467	17085		
租赁和商务服务业	92924	88190	85147	81393	76782	72489	67131	62538	53162	46976	39566	35494	32915	27807	24510	21233	18723	17020		
科学研究、技术服务和地质勘查业	139851	133459	123343	107815	96638	89410	82259	76602	69254	64252	56376	50143	45512	38432	31644	27155	23351	20442		
水利、环境和公共设施管理业	63914	61158	56670	52229	47750	43528	39198	36123	32343	28868	25544	23159	21103	18383	15630	14322	12884	11774		
居民服务和其他服务业	60722	60232	55343	50552	47577	44802	41882	38429	35135	33169	28206	25172	22858	20370	18030	15747	13680	12665		
教育业	106474	97681	92383	83412	74498	66592	56580	51950	47734	43194	38968	34543	29831	25908	20918	18259	16085	14189		
卫生、社会保障和社会福利业	115449	108903	98118	89648	80026	71624	63267	57979	52564	46206	40232	35662	32185	27892	23590	20808	18386	16185		
文化、体育和娱乐业	112081	107708	98621	87803	79875	72764	64375	59336	53558	47878	41428	37755	34158	30430	25847	22670	20522	17098		
公共管理和社会组织	104487	94369	87932	80372	70959	62323	53110	49259	46074	42062	38242	35326	32296	27731	22546	20234	17372	15355		

按行业 按登记注册类型

图 5-8 “按行业”工作表的内容

【参考代码】

```
import matplotlib.pyplot as plt
import pandas as pd
from cycler import cycler
import numpy as np
df = pd.read_excel('城镇单位就业人员年平均工资.xlsx', sheet_name='按行业', index_col=0)
df.drop('城镇单位', inplace=True)
df.drop(columns=['2001年', '2002年'], inplace=True)
df.sort_index(axis=1, inplace=True)
plt.rcParams['figure.figsize'] = (12, 8)
plt.rcParams['font.sans-serif'] = 'SimHei'
colors = []
#生成20个r、g、b元组表示的RGB颜色，并添加到colors列表中
```

```
for i in range(len(df)):
    r = np.random.rand()          #生成 0~1 的随机小数并赋给 r
    g = np.random.rand()          #生成 0~1 的随机小数并赋给 g
    b = np.random.rand()          #生成 0~1 的随机小数并赋给 b
    colors.append((r, g, b))
plt.rcParams['axes.prop_cycle'] = cycler(color=colors)
plt.title('2003—2020 年按行业分城镇单位就业人员年平均工资折线图')
plt.xlabel('年份')
plt.ylabel('平均工资/元')
x = df.columns
for index in df.index:
    plt.plot(x, df.loc[index])
plt.legend(df.index)
plt.show()
```

【运行结果】 程序运行结果如图 5-9 所示。

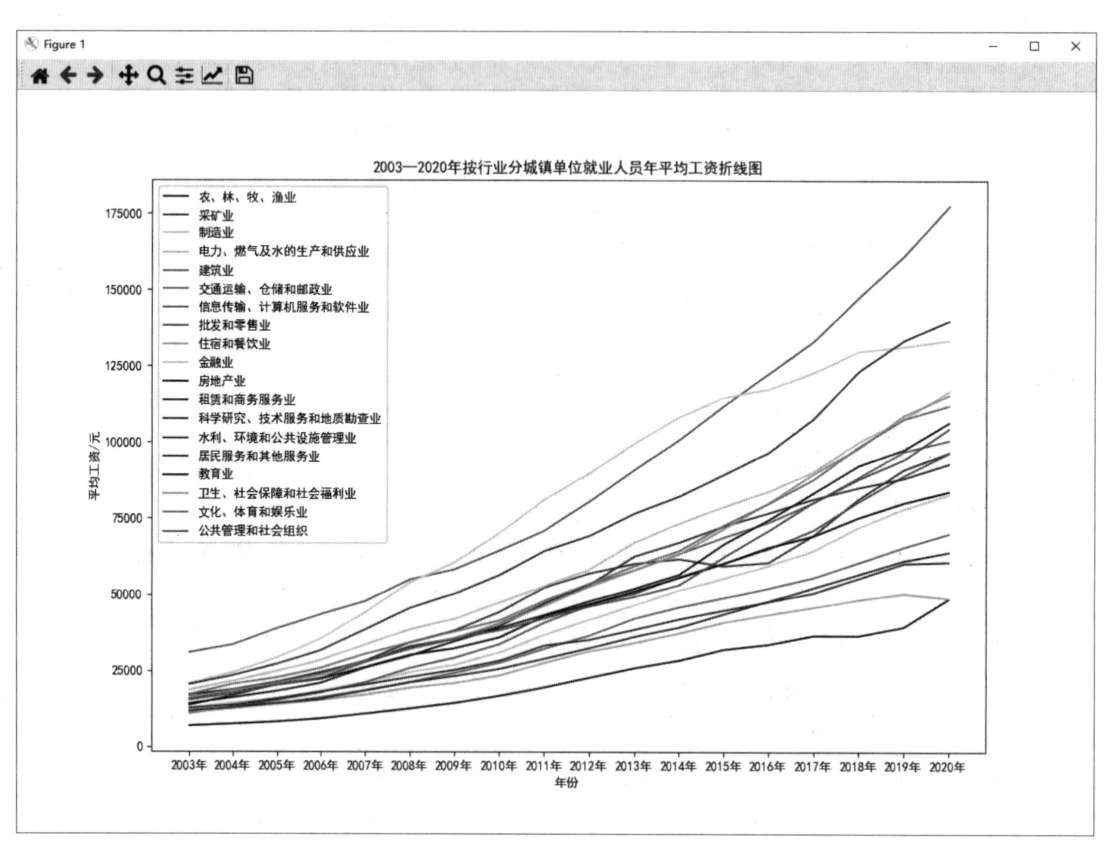

图 5-9 例 5-6 程序运行结果

【结果分析】 从图 5-9 可以看出，2003—2020 年这 18 年来，所有行业城镇单位就业人员的平均工资都在增长，除采矿业在 2015 年和 2016 年、住宿和餐饮业在 2020 年有小幅度降低。但是每个行业增长的速度有很大差距，其中信息传输、计算机服务和软件业增长速度最快。该图与第 2 章典型案例的数据分析相比，非常直观地展现了数据的趋势及其之间的差别。

5.2.2 直方图

直方图

前面章节已经介绍，可以使用直方图分析数据是否符合正态分布，它是数值型数据分布的精确图表，是一个连续变量的概率分布估计，如表示成绩区间的学生数量、年龄区间的员工数量等。一般用 x 轴表示数据所属的区间，用 y 轴表示其对应数据的数量或占比。

pyplot 模块提供了 hist()函数用于绘制直方图，其一般格式如下。

```
hist(x, bins=None, range=None, color=None, edgecolor=None)
```

其中，x 表示 x 轴的数据，为数组或数组序列；bins 表示绘制矩形柱的个数或数据的分布区间，如果为整数，表示绘制矩形柱的个数，如果为序列，表示数据的分布区间，如[0, 25, 50, 75, 100]表示数据的下限值和上限值分别为 0 和 100、间隔为 25 的 4 个区间，每个区间不包含终点，默认为 10；range 表示 bins 的取值范围，默认为数据的最小值和最大值；color 表示矩形柱的填充颜色；edgecolor 表示矩形柱的边框颜色。

【例 5-7】 使用直方图分析餐饮订单中菜品数量在不同价格区间的分布情况。

【问题分析】 导入“餐饮综合数据.xlsx”文件“订单详情表”工作表中的数据（见图 5-10）；然后以价格为 x 轴数据、数量为 y 轴数据绘制直方图，并设置矩形柱的个数为 12、填充颜色为(0.894, 0, 0.498)、边框颜色为黑色。

餐饮综合数据.xlsx - Excel

文件 开始 插入 页面布局 公式 数据 审阅 视图 百度网盘 登录

	A	B	C	D	E	F
1	订单号	菜品名称	价格	数量	日期	时间
2	20220303137	西瓜胡萝卜沙拉	26	1	2022/3/3	14:01:13
3	20220303137	麻辣小龙虾	99	1	2022/3/3	14:01:47
4	20220303137	农夫山泉NFC果汁100%橙汁	6	1	2022/3/3	14:02:11
5	20220303137	番茄炖牛腩	35	1	2022/3/3	14:02:37
6	20220303137	白饭/小碗	1	4	2022/3/3	14:04:55
7	20220303137	凉拌菠菜	27	1	2022/3/3	14:05:09
8	20220315162	芝士烩波士顿龙虾	175	1	2022/3/15	11:17:25
9	20220315162	麻辣小龙虾	99	1	2022/3/15	11:19:58
10	20220315162	姜葱炒花蟹	45	2	2022/3/15	11:22:44
11	20220315162	水煮鱼	65	1	2022/3/15	11:24:49
12	20220315162	百里香奶油烤红酒牛肉	178	1	2022/3/15	11:25:15
13	20220315162	香菇鹌鹑蛋	39	1	2022/3/15	11:26:04
14	20220315162	拌土豆丝	25	1	2022/3/15	11:26:19
15	20220315162	焖猪手	58	1	2022/3/15	11:26:36

订单信息表 订单详情表

图 5-10 “订单详情表”工作表的内容（部分）

【参考代码】

```
import matplotlib.pyplot as plt
import pandas as pd
df = pd.read_excel('餐饮综合数据.xlsx', sheet_name='订单详情表',
index_col=0)
plt.rcParams['font.sans-serif'] = 'SimHei'
x = df['价格']
plt.xlabel('菜品价格/元')
plt.ylabel('菜品数量')
plt.title('不同价格区间菜品数量分布直方图')
plt.hist(x, bins=12, color=(0.894, 0, 0.498), edgecolor='k')
plt.show()
```

【运行结果】 程序运行结果如图 5-11 所示。

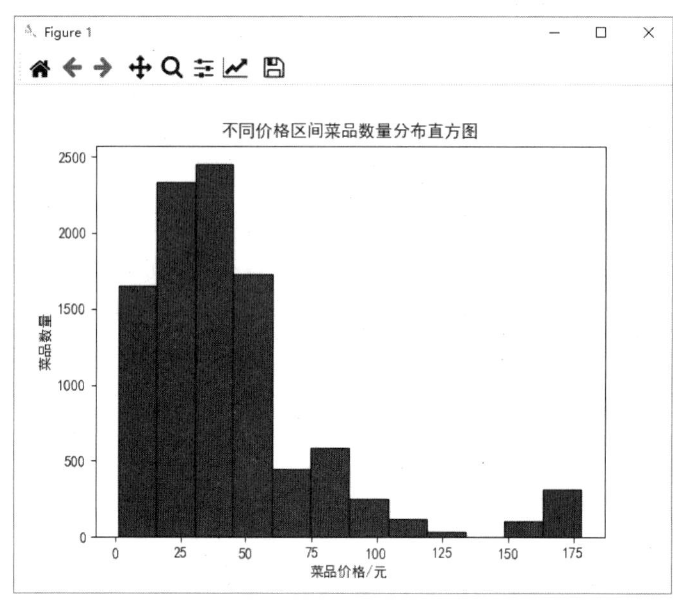

图 5-11 例 5-7 程序运行结果

【结果分析】 从图 5-11 可以看出，该餐饮订单信息中菜品价格不超过 200 元，小于 100 元的菜品数量占绝大部分，说明低价格区间的菜品比较受欢迎，可为商家新菜品定价提供参考。

5.2.3 柱状图

柱状图

柱状图是一种用矩形柱展示不同条件下数据的变化或对比情况的图表，可以垂直绘制，也可以水平绘制，它的长度与其表示的数据值成正比，如表示每个科目不同班级学生的平均成绩、每个月不同商品的销售额等。柱状图一般用 x 轴表示数据所属的类别，用 y 轴表示数据的统计值。

pyplot 模块提供了 bar()函数用于绘制垂直柱状图，其一般格式如下。

```
bar(x, height, width=0.8, color=None, edgecolor=None)
```

其中，x 表示 x 轴的数据；height 表示垂直矩形柱的高度（即 y 轴数据）；width 表示矩形柱的宽度，默认为 0.8；color 表示矩形柱的填充颜色；edgecolor 表示矩形柱的边框颜色。

pyplot 模块提供了 barh()函数用于绘制水平柱状图，其一般格式如下。

```
barh(y, width, height=0.8, color=None, edgecolor=None)
```

其中，y 表示 y 轴的数据；width 表示水平矩形柱的长度（即 x 轴数据）；height 表示矩形柱的宽度，默认为 0.8。

【例 5-8】 使用柱状图对比分析每个季度不同分店的销售额。

【问题分析】 导入“产品销售表.xlsx”文件“第 1 分店”“第 2 分店”“第 3 分店”工作表中的数据（见图 5-12）；接着将每个分店的数据添加到 DataFrame 对象列表中；然后循环，循环次数为列表的长度，在循环中，获取列表的每个元素，将其进行缺失值和重复值处理，并按季度分组及求和聚合，再以行索引（季度）为 x 轴数据、销售额为 y 轴数据绘制柱状图；最后设置中文字体、y 轴标题（销售额）、图例（分店名称）、x 轴刻度标签（季度名称）和图表标题。

产品销售表.xlsx - Excel

文件 开始 插入 页面布局 公式 数据 审阅 视图 百度网盘

	A	B	C	D	E	F
1	分店名称	季度	产品名称	单价（元）	数量	销售额（万元）
2	第1分店	1	电冰箱	3540	35	12.39
3	第1分店	1	空调	4460	53	23.64
4	第1分店	1	手机	3210	87	27.93
5	第1分店	2	电冰箱	3540	45	15.93
6	第1分店	2	空调	4460	55	24.53
7	第1分店	2	手机	3210	91	29.21
8	第1分店	3	电冰箱	3540	12	4.25
9	第1分店	3	空调	4460	65	28.99
10	第1分店	3	手机	3210	NaN	#VALUE!
11	第1分店	3	电冰箱	3540	12	4.25
12	第1分店	4	电冰箱	3540	23	8.14
13	第1分店	4	空调	4460	68	30.33
14	第1分店	4	手机	3210	34	10.91

第1分店 第2分店 ...

图 5-12 “第 1 分店”工作表的内容

【参考代码】

```
import matplotlib.pyplot as plt
import pandas as pd
df = pd.read_excel('产品销售表.xlsx', sheet_name=['第 1 分店', '第
2 分店', '第 3 分店'])
df_list = []
```

```
df_list.append(df['第 1 分店'])
df_list.append(df['第 2 分店'])
df_list.append(df['第 3 分店'])
width = 0.3
for i in range(len(df_list)):
    df_temp = df_list[i]
    #删除数量列包含缺失值的行
    df_temp.dropna(axis=0, subset=['数量'], inplace=True)
    df_temp.drop_duplicates(inplace=True)          #删除完全重复的行
    df_temp = df_temp.groupby('季度').agg('sum')
    x = df_temp.index
    height = df_temp['销售额（万元）']
    plt.bar(x + width * i, height, width)
plt.rcParams['font.sans-serif'] = 'SimHei'
plt.ylabel('销售额/万元')
plt.legend(['第 1 分店', '第 2 分店', '第 3 分店'])
plt.xticks([1, 2, 3, 4], ['第 1 季度', '第 2 季度', '第 3 季度', '第 4 季度'])
plt.title('每个季度不同分店销售额柱状图')
plt.show()
```

【运行结果】　程序运行结果如图 5-13 所示。

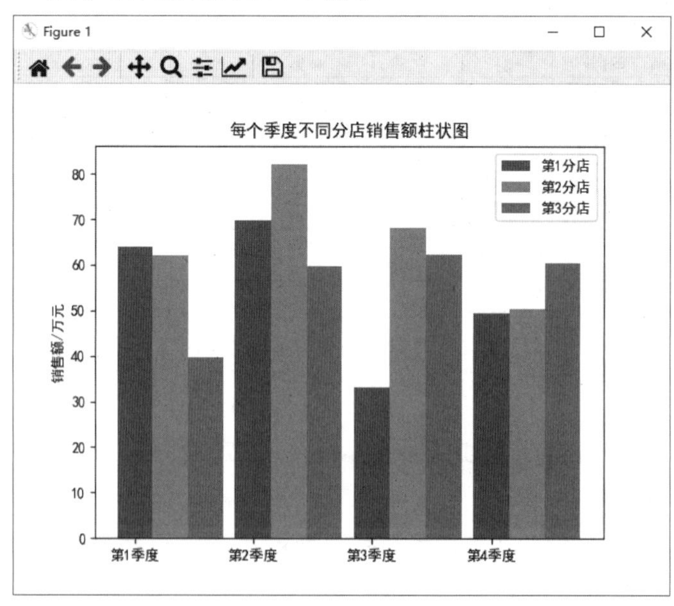

图 5-13　例 5-8 程序运行结果

【程序说明】　绘制多柱状图时，从第 2 次绘制起，每次绘制的 x 轴数据应在前一次的

基础上增加宽度的值，否则多个矩形柱会重叠。

【结果分析】 从图 5-13 可以看出，第 2 分店第 2 季度的销售额最高，第 1 分店第 3 季度的销售额最低。该图与第 3 章典型案例的数据分析相比，非常直观地展现了每个季度不同分店销售额的对比情况。

5.2.4 饼状图

饼状图

饼状图常用于显示各个部分在整体中所占的比例，它可以清楚地反映部分与部分、部分与整体之间的数量关系，如表示每个产品线占公司总研发金额的比例、每个分店占总体销售额的比例等。

pyplot 模块提供了 pie()函数用于绘制饼状图，其一般格式如下。

```
pie(x, labels=None, colors=None, autopct=None)
```

其中，*x* 表示扇区的数据序列；labels 表示扇区标签的字符串序列；colors 表示扇区的颜色序列，默认为颜色循环；autopct 表示每个扇区所占比例的格式字符串，放置在扇区内，如“%.2f%%”表示两位小数的百分比格式。

【例 5-9】 使用饼状图分析各地区图书销售额所占比例。

【问题分析】 导入“图书各地区销售表.xlsx”文件中的数据（见图 5-14）；然后以按列求和聚合的数据为扇区的数据、列标签为扇区标签、“%.2f%%”为比例格式绘制饼状图；最后设置中文字体和图表标签。

	A	B	C	D	E	F	G	H
1	商品名称	北京	上海	广州	成都	武汉	沈阳	西安
2	零基础学Python（全彩版）	747	666	578	284	246	156	152
3	Python从入门到项目实践	318	250	230	113	92	66	63
4	Python项目开发案例集锦	255	196	189	115	88	48	57
5	Python编程锦囊	175	146	136	85	65	32	47
6	零基础学C语言（全彩版）	149	100	115	82	63	37	40
7	SQL即查即用	119	98	88	29	25	34	40
8	零基础学Java（全彩版）	88	69	81	48	43	29	29
9	零基础学C++（全彩版）	84	64	75	53	35	13	23
10	零基础学C#（全彩版）	56	39	51	27	16	9	7
11	C#项目开发实战入门	48	45	42	18	22	5	12

图 5-14 “图书各地区销售表.xlsx”文件的内容

【参考代码】

```
import matplotlib.pyplot as plt
import pandas as pd
df = pd.read_excel('图书各地区销售表.xlsx', index_col=0)
```

```
data = df.agg('sum')
plt.pie(data, labels=df.columns, autopct='%.2f%%')
plt.rcParams['font.sans-serif'] = 'SimHei'
plt.title('各地区图书销售额饼状图')
plt.show()
```

【运行结果】 程序运行结果如图 5-15 所示。

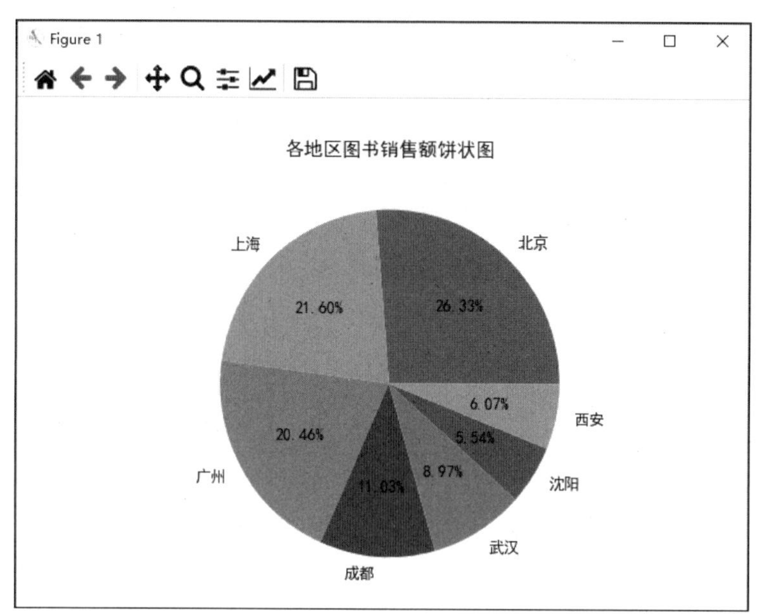

图 5-15 例 5-9 程序运行结果

【结果分析】 从图 5-15 可以看出，北京地区图书销售额最高，沈阳地区图书销售额最低，北京、上海、广州 3 个地区的销售额占前三，相差不大。

5.2.5 散点图

散点图

前面章节已经介绍，可以使用散点图分析变量之间的相关性，表示因变量变化的大致趋势。散点图与折线图类似，也是由一个个点构成，但散点图的点之间不会按照前后关系使用线条连接，因此可以使用 plot() 函数绘制散点图。

pyplot 模块还提供了 scatter()函数用于绘制散点图，其一般格式如下。

```
scatter(x, y, s=None, c=None, marker=None)
```

其中，x 和 y 表示 x 轴和 y 轴的数据；s 表示点的大小；c 表示点的颜色；marker 表示点的标记，取值可参见表 5-3。

【例 5-10】 使用散点图分析产品展现量与点击量、订单金额、加购数及下单新客数的

相关性。

【问题分析】 导入“营销和产品销量表.xlsx”文件中的数据（见图 5-16）；然后设置中文字体和画布大小；最后创建 4 个子图，以展现量为 x 轴数据，分别以点击量、订单金额、加购数及下单新客数为 y 轴数据绘制散点图，并分别设置点的大小、颜色、标记，以及图例。

营销和产品销量表.xlsx - Excel

日期	费用	展现量	点击量	订单金额	加购数	下单新客数	访问页面数	进店数	商品关注数
2020年2月1日	1754.51	38291	504	2932.4	154	31	4730	94	7
2020年2月2日	1708.95	39817	576	4926.47	242	49	4645	93	14
2020年2月3日	921.05	39912	583	5413.6	228	54	4941	82	13
2020年2月4日	1369.76	38085	553	3595.4	173	40	4551	99	6
2020年2月5日	1460.02	37239	585	4914.8	189	55	5711	83	16
2020年2月6日	1543.76	35196	640	4891.8	207	53	6010	30	6
2020年2月7日	1457.93	33294	611	3585.5	151	37	5113	37	7
2020年2月8日	1600.38	36216	659	4257.1	240	45	5130	78	11
2020年2月9日	1465.57	36275	611	4412.3	174	47	4397	75	12
2020年2月10日	1617.68	41618	722	4914	180	45	5670	86	5
2020年2月11日	1618.95	44519	792	5699.42	234	63	5825	50	1
2020年2月12日	1730.31	50918	898	8029.4	262	78	6399	92	8
2020年2月13日	1849.9	49554	883	6819.5	228	67	6520	84	12
2020年2月14日	2032.52	52686	938	5697.5	271	59	7040	121	10
2020年2月15日	2239.69	60906	978	6007.9	246	68	7906	107	12
2020年2月16日	2077.94	58147	989	6476.7	280	72	7029	104	16
2020年2月17日	2137.24	59479	1015	6895.4	260	72	6392	101	9
2020年2月18日	2103.28	60372	993	5992.3	253	60	6935	100	11
2020年2月19日	2220.23	64930	1028	6213.5	251	65	7936	107	10
2020年2月20日	2165.57	64262	1038	6716	249	68	7199	112	5
2020年2月21日	2007.52	64183	1025	6168.7	283	72	7464	101	11
2020年2月22日	2255.24	61190	1025	7232.1	241	70	7339	115	15
2020年2月23日	2402.31	63088	1110	8243.8	263	95	8661	154	18
2020年2月24日	2251.5	60932	1117	8959.99	307	78	8580	124	7
2020年2月25日	1803.63	60821	992	6639	290	74	9046	108	17
2020年2月26日	1830.49	48530	956	7868.7	286	77	7680	63	17
2020年2月27日	1960.67	55965	940	7235.9	249	75	7075	83	7
2020年2月28日	1896.05	49136	892	6299.4	254	69	6869	73	4
2020年2月29日	1884.1	49319	958	7488.4	249	83	7744	101	15

图 5-16 “营销和产品销量表.xlsx”文件的内容

【参考代码】

```
import matplotlib.pyplot as plt
import pandas as pd
df = pd.read_excel('营销和产品销量表.xlsx', index_col=0)
plt.rcParams['font.sans-serif'] = 'SimHei'
plt.rcParams['figure.figsize'] = (8, 5)
x = df['展现量']
y1 = df['点击量']
plt.subplot(2, 2, 1)
plt.scatter(x, y1)
plt.legend(('展现量与点击量',), loc='lower right')
y2 = df['订单金额']
plt.subplot(2, 2, 2)
plt.scatter(x, y2, s=20, c='r', marker='*')
```

```
plt.legend(('展现量与订单金额',), loc='lower right')
y3 = df['加购数']
plt.subplot(2, 2, 3)
plt.scatter(x, y3, s=25, c='g', marker='d')
plt.legend(('展现量与加购数',), loc='lower right')
y4 = df['下单新客数']
plt.subplot(2, 2, 4)
plt.scatter(x, y4, s=30, c='b', marker='+')
plt.legend(('展现量与下单新客数',), loc='lower right')
plt.show()
```

【运行结果】 程序运行结果如图 5-17 所示。

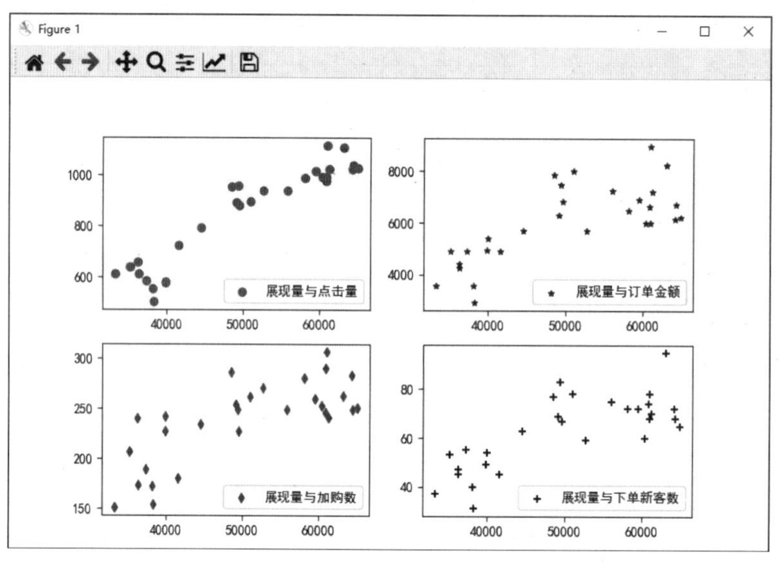

图 5-17 例 5-10 程序运行结果

【结果分析】 从图 5-17 可以看出，产品展现量与点击量、订单金额、加购数及下单新客数的相关性基本一致，都有一定的正相关，且相关性较强。但展现量与点击量的相关性比展现量与其他 3 个变量的相关性强。

5.2.6 箱形图

前面章节已经介绍，可以使用箱形图检测异常值，由于它不受异常值的影响，可以以一种相对稳定的方式描述数据的离散分布情况。箱形图能显示一组数据的最大值、最小值、中位数和上下四分位数，可以粗略地看出数据是否具有对称性、分布的分散程度等，特别适用于对几组数据的比较。

pyplot 模块提供了 boxplot()函数用于绘制箱形图，其一般格式如下。

```
boxplot(x, notch=False, vert=True, whis=None, positions=None, 
widths=None, patch_artist=None, showmeans=None, boxprops=None, 
meanprops=None)
```

（1）x 表示绘制箱形图的数据，当 x 为对象序列时，可以同时绘制多个箱形图，但参数设置须一致，如果每个箱形图需要设置不同的参数，可以使用多个 boxplot()函数。

（2）notch 表示是否以凹口形式显示箱形图，取 True（凹口）或 False（非凹口），默认为 False。

（3）vert 表示是否垂直绘制箱形图，取 True（垂直绘制）或 False（水平绘制），默认为 True。

（4）whis 表示指定上下限值与上下四分位数的距离，默认为 1.5。例如，使用 Q1 和 Q2 分别表示上四分位数和下四分位数，则上限值=Q1+(Q1−Q2)*1.5，下限值=Q2−(Q1−Q2)*1.5。

（5）positions 表示箱形图的位置，默认为[0, 1, 2, 3…]。

（6）widths 表示箱体的宽度，默认为 0.5。

（7）patch_artist 表示是否填充箱体的颜色，取 True（填充）或 False（不填充），默认为 False。

（8）showmeans 表示是否显示均值，取 True（显示）或 False（不显示），默认为 False。

（9）boxprops 表示设置箱体的属性，如边框颜色（edgecolor）、填充色（facecolor）等。

（10）meanprops 表示设置均值的属性，如标记的大小、颜色等。

【例 5-11】 使用箱形图分析客户购物体验评分，并检查异常值。

【问题分析】 导入“超市销售信息表.xlsx”文件中的数据（见图 5-18）；接着绘制购物体验评分的箱形图，并设置箱形图位置；然后再绘制一遍箱形图，并设置箱形图位置、凹口显示、上下限值（whis 为 0.5）、箱体填充颜色（红色）和显示均值等参数；最后检测异常值。

超市销售信息表.xlsx - Excel

文件 开始 插入 页面布局 公式 数据 审阅 视图 百度网盘 登录

	A	B	C	D	E	F	G	H	I	J	K	L
1	分店	城市	顾客类型	性别	商品类别	商品单价（元）	数量（件）	购买日期	支付方式	支付费用（元）	收益（元）	购物体验评分
2	分店C	城市C	普通顾客	男	电子配件	61.41	7	2020/1/14	现金	429.87	21.4935	9.8
3	分店A	城市A	会员	女	电子配件	28.45	5	2020/3/21	信用卡	142.25	7.1125	9.1
4	分店B	城市B	会员	女	电子配件	12.1	8	2020/1/19	电子钱包	96.8	4.84	8.6
5	分店A	城市A	普通顾客	女	电子配件	28.96	1	2020/2/7	信用卡	28.96	1.448	6.2
6	分店A	城市A	普通顾客	女	电子配件	45.48	10	2020/3/1	信用卡	454.8	22.74	4.8
7	分店A	城市A	会员	女	电子配件	25.22	7	2020/2/4	现金	176.54	8.827	8.2
8	分店C	城市C	普通顾客	女	电子配件	99.69	1	2020/2/27	信用卡	99.69	4.9845	8
9	分店C	城市C	普通顾客	男	电子配件	22.21	6	2020/3/7	信用卡	133.26	6.663	8.6
10	分店A	城市A	普通顾客	女	电子配件	46.95	5	2020/2/12	电子钱包	234.75	11.7375	7.1
11	分店A	城市A	普通顾客	女	电子配件	66.06	6	2020/1/23	现金	396.36	19.818	7.3
12	分店C	城市C	普通顾客	女	电子配件	15.28	5	2020/3/8	现金	76.4	3.82	9.6
13	分店B	城市B	普通顾客	女	电子配件	45.71	3	2020/3/26	信用卡	137.13	6.8565	7.7
14	分店B	城市B	普通顾客	男	电子配件	75.88	7	2020/1/24	电子钱包	531.16	16.558	8.9
15	分店A	城市A	会员	女	电子配件	26.48	3	2020/3/21	电子钱包	79.44	3.972	4.7
16	分店A	城市A	会员	男	电子配件	66.35	1	2020/1/31	信用卡	66.35	3.3175	9.7
17	分店B	城市B	会员	女	电子配件	90.7	6	2020/2/26	现金	544.2	27.21	10.3
18	分店A	城市A	会员	女	电子配件	48.62	8	2020/1/24	现金	388.96	19.448	5
19	分店B	城市B	普通顾客	女	电子配件	13.78	4	2020/1/10	电子钱包	55.12	2.756	9
20	分店B	城市B	会员	女	电子配件	75.59	9	2020/2/23	现金	680.31	14.0155	8

超市销售数据

图 5-18 “超市销售信息表.xlsx”文件的内容

【参考代码】

```
import matplotlib.pyplot as plt
import pandas as pd
df = pd.read_excel('超市销售信息表.xlsx')
plt.boxplot(df['购物体验评分'], positions=[1])
plt.boxplot(df['购物体验评分'], positions=[2], notch=True, whis=0.5,
patch_artist=True, boxprops={'facecolor': 'r'}, showmeans=True)
Q1 = df['购物体验评分'].describe()['75%']
Q2 = df['购物体验评分'].describe()['25%']
up_limit = Q1 + (Q1 - Q2) * 0.5
low_limit = Q2 - (Q1 - Q2) * 0.5
val = df['购物体验评分'][(df['购物体验评分'] > up_limit) | (df['购
物体验评分'] < low_limit)]
print('购物体验评分的统计值：\n', df['购物体验评分'].describe())
print('whis 为 0.5 时异常值：\n', val)
plt.show()
```

【运行结果】 程序运行结果如图 5-19 所示。

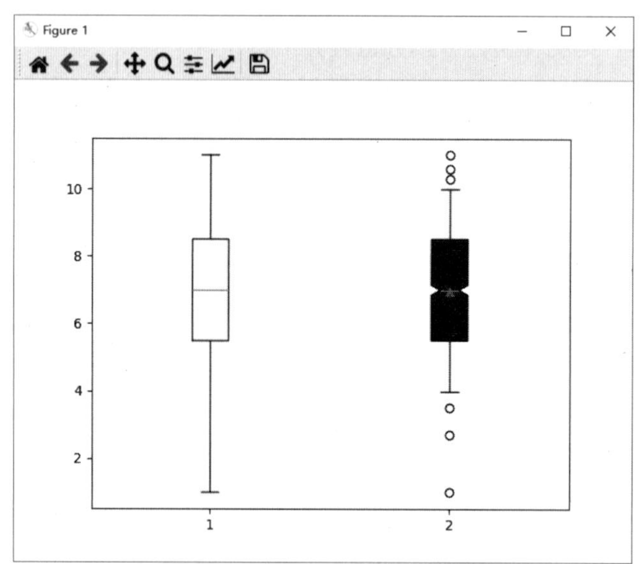

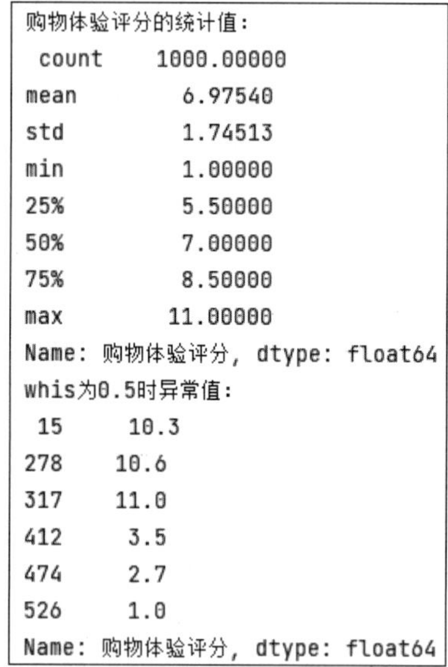

```
购物体验评分的统计值：
 count    1000.00000
mean        6.97540
std         1.74513
min         1.00000
25%         5.50000
50%         7.00000
75%         8.50000
max        11.00000
Name: 购物体验评分, dtype: float64
whis为0.5时异常值：
 15     10.3
278    10.6
317    11.0
412     3.5
474     2.7
526     1.0
Name: 购物体验评分, dtype: float64
```

图 5-19 例 5-11 程序运行结果

【程序说明】 whis 值不同时，箱形图的上下限值不同，检查的异常值也不同。在第一个箱形图中，whis 值默认为 1.5，上限值为 8.5+(8.5−5.5)*1.5=13，下限值为 5.5−(8.5−5.5)*1.5=1，故所有值都在范围内，没有异常值；在第二个箱形图中，whis 值设置为 0.5，上限值为 8.5+(8.5−5.5)*0.5=10，下限值为 5.5−(8.5−5.5)*0.5=4，故有 6 个数据不在范围内，有 6 个异常值。

【结果分析】 从图 5-19 的第二个箱形图可以看出，客户购物体验评分以均值 6.9754 为中心对称，且分布比较均匀，说明客户对该超市的总体购物体验评分较高。但有较少特别低的评分，可以重点分析这些购物信息，有助于提升客户购物体验。

政策引领

如今，越来越多的企业意识到了数据分析对自身发展的重要意义，纷纷利用数据分析进行市场预测和经营决策。

我国也充分认识到了数据的价值和作用，并早早开始了大数据的相关布局。2014 年，“大数据”一词写入政府工作报告，大数据开始成为社会各界讨论的热点；2015 年，《促进大数据发展行动纲要》发布；2016 年，《大数据产业发展规划（2016—2020 年）》发布；2021 年，《“十四五”大数据产业发展规划》发布……

在一系列政策的支持下，大数据技术及相关行业的发展日新月异，取得了一系列可喜的成就。如今，大数据已经深入应用到社会生活的各个领域；未来，大数据将继续与各个行业深度融合，创造出前所未有的商业价值和社会价值。

典型案例——某餐厅一周订单信息分析

1. 案例内容

饮食是人类的刚性需求，生活中人们都离不开餐饮，因此餐饮业是最具竞争力的行业之一。通过对餐厅订单数据全面、客观、准确的分析，可以增强竞争优势，提升盈利能力，提高利润率，并扩大客户群。本案例将通过折线图、柱状图和饼状图等可视化手段分析某餐厅一周订单信息。

2. 案例分析

（1）导入“餐厅订单信息.xlsx”文件中的数据，文件内容如图 5-20 所示。

餐厅订单信息.xlsx - Excel

	A	B	C	D	E	F	G	H	I	J	K
1	店铺名	日期	会员号	会员星级	菜品号	菜品类别	菜品名称	数量	价格	成本	消费金额
2	盐田分店	2021/11/22	1190	三星级	610011	粥饭类	白饭/大碗	1	10	5	10
3	盐田分店	2021/11/22	1190	三星级	609960	肉类	白胡椒胡萝卜羊肉汤	1	35	18	35
4	盐田分店	2021/11/22	1190	三星级	609950	蔬菜类	大蒜苋菜	1	30	18	30
5	盐田分店	2021/11/22	1190	三星级	609962	肉类	倒立蒸梭子蟹	1	169	119	169
6	盐田分店	2021/11/22	1190	三星级	610009	粥饭类	黑米恋上葡萄	1	33	15	33
7	盐田分店	2021/11/22	1190	三星级	609953	蔬菜类	凉拌菠菜	1	27	9	27
8	盐田分店	2021/11/22	1190	三星级	610044	蔬菜类	木须豌豆	1	32	19	32
9	盐田分店	2021/11/22	1190	三星级	609941	肉类	清蒸海鱼	1	78	55	78
10	盐田分店	2021/11/22	1190	三星级	609959	肉类	小炒羊腰	1	36	20	36
11	盐田分店	2021/11/22	1199	三星级	610048	蔬菜类	拌土豆丝	1	25	9	25
12	盐田分店	2021/11/22	1199	三星级	609962	肉类	倒立蒸梭子蟹	1	169	119	169
13	盐田分店	2021/11/22	1199	三星级	609957	肉类	蒙古烤羊腿	1	48	25	48
14	盐田分店	2021/11/22	1199	三星级	610008	粥饭类	五色糯米饭	1	35	17	35
15	盐田分店	2021/11/22	1199	三星级	610047	蔬菜类	西瓜胡萝卜沙拉	1	26	8	26
16	盐田分店	2021/11/22	1199	三星级	609991	肉类	香烤牛排	1	55	30	55
17	盐田分店	2021/11/22	1199	三星级	609968	肉类	油焖麻辣虾	1	65	43	65
18	盐田分店	2021/11/22	1199	三星级	609956	肉类	孜然羊排	1	88	49	88
19	盐田分店	2021/11/22	1237	三星级	610011	粥饭类	白饭/大碗	2	10	5	20
20	盐田分店	2021/11/22	1237	三星级	609993	肉类	百里香奶油烤红酒牛	2	178	70	356

餐饮数据

图 5-20 “餐厅订单信息.xlsx”文件的内容（部分）

（2）使用 rcParams 参数设置中文字体。

（3）创建新画布，绘制一周菜品点单数量前 10 名柱状图。将数据按菜品名称分组及对数值求和聚合；然后将数据按数量进行降序排序，并获取前 10 行数据；最后以前 10 行数据的行标签为 x 轴数据、以数量为 y 轴数据绘制矩形柱宽为 0.3 的柱状图，并设置 x 轴、y 轴和图表标题。

（4）创建新画布，绘制一周各分店每天消费金额折线图。将数据按店铺名分组，并定义店铺名列表，然后循环店铺名分组。在循环中，将每组的第一个元素添加到店铺名列表中；然后以第二个元素创建 DataFrame 对象，并将数据按日期分组及对数值求和聚合；最后以行标签为 x 轴数据、消费金额为 y 轴数据绘制折线图。循环结束后设置图例（店铺名）、x 轴和 y 轴标题、图表标题。

（5）创建新画布，绘制一周不同星级会员消费金额饼状图。将数据按会员星级分组及对数值求和聚合；然后以聚合数据的消费金额为扇区数据、行标签为扇区标签、两位小数百分比为比例格式绘制饼状图，并设置图表标签。

3．案例实施

【参考代码】

```
import matplotlib.pyplot as plt
import pandas as pd
df = pd.read_excel('餐厅订单信息.xlsx')
plt.rcParams['font.sans-serif'] = 'SimHei'
#绘制一周菜品点单数量前 10 名柱状图
plt.figure(figsize=(12, 5))
df_temp = df.groupby('菜品名称').agg('sum', numeric_only=True)
df_temp = df_temp.sort_values('数量', ascending=False).head(10)
plt.bar(df_temp.index, df_temp['数量'], width=0.3)
plt.xlabel('菜品名称')
plt.ylabel('菜品数量')
plt.title('一周菜品点单数量前 10 名柱状图')
#绘制一周各分店每天消费金额折线图
plt.figure(figsize=(8, 5))
groups = df.groupby('店铺名')
shop_name = []
for group in groups:
    shop_name.append(group[0])
    df_temp = pd.DataFrame(group[1])
    df_temp = df_temp.groupby('日期').agg('sum', numeric_only=True)
```

```
    plt.plot(df_temp.index, df_temp['消费金额'])
plt.legend(shop_name)
plt.xlabel('日期')
plt.ylabel('消费金额/元')
plt.title('一周各分店每天消费金额折线图')
#绘制一周不同星级会员消费金额饼状图
plt.figure()
df_temp = df.groupby('会员星级').agg('sum', numeric_only=True)
plt.pie(df_temp['消费金额'], labels=df_temp.index, autopct='%.2f%%')
plt.title('一周不同星级会员消费金额饼状图')
plt.show()
```

【运行结果】 程序运行结果如图 5-21 所示。

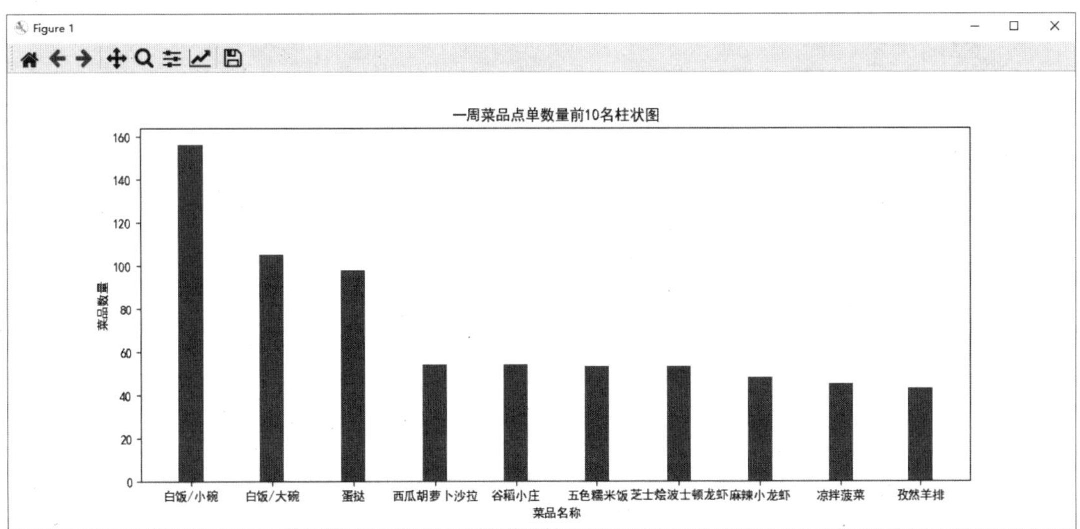

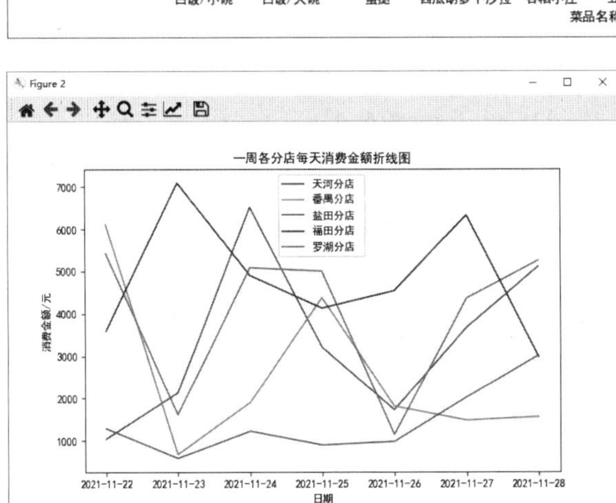

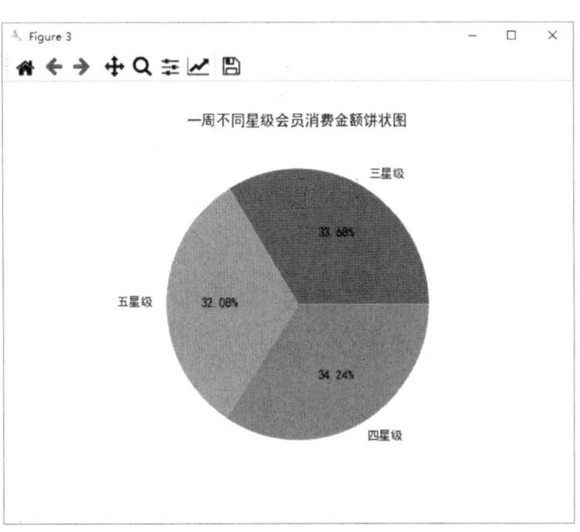

图 5-21 “某餐厅一周订单信息分析”程序运行结果

【结果分析】 从一周菜品点单数量前 10 名柱状图可以看出，除米饭外，最受欢迎的甜点是蛋挞，蔬菜是西瓜胡萝卜沙拉和凉拌菠菜，肉类是龙虾和羊排，饮料是谷稻小庄；从一周各分店每天消费金额折线图可以看出，福田分店整体消费金额较高，罗湖分店整体消费金额较低，天河分店、番禺分店和盐田分店消费金额波动较大；从一周不同星级会员消费金额饼状图可以看出，三星级、四星级和五星级会员的消费金额基本一致。

课堂实训 5

1. 实训目标

（1）练习使用 Matplotlib 绘制柱状图。

（2）练习使用 Matplotlib 绘制直方图。

（3）练习使用 Matplotlib 绘制散点图。

2. 实训内容

（1）导入“餐厅订单信息.xlsx”文件中的数据。

（2）使用柱状图分析各分店不同星级会员消费金额。

（3）使用直方图分析订单信息中菜品数量在不同价格区间的分布情况。

（4）使用散点图分析菜品价格与消费金额的相关性。

本章考核 5

1. 选择题

（1）创建一个 6×4 的新画布的方法是（　　）。

A. plt.figure(figsize=(6, 4))　　B. plt.figure(figsize=6, 4)

C. plt.figure((6, 4))　　D. plt.figure([6, 4])

（2）表示将画布划分为 1 行 2 列，并添加第 1 个子图的方法是（　　）。

A. plt.subplot(2, 1, 1)　　B. plt.subplot(2, 1, 0)

C. plt.subplot(1, 2, 1)　　D. plt.subplot(1, 2, 0)

（3）在 rcParams 参数中，font.sans-serif 表示的是（　　）。

A. 线条宽度　　B. 显示的中文字体

C. 线条类型　　D. 字体大小

（4）设置图形的颜色时，“k”表示（　　）。

A. 蓝色　　B. 红色

C. 绿色　　D. 黑色

（5）在 Matplotlib 中，用于绘制箱形图的函数是（　　）。

A．scatter()　　B．bar()

C．hist()　　D．boxplot()

（6）在 Matplotlib 中，用于绘制散点图的函数是（　　）。

A．scatter()　　B．bar()

C．hist()　　D．boxplot()

（7）下列说法错误的是（　　）。

A．绘制一个图形可以不用创建画布

B．图例可以在绘制图形前设置

C．x 轴和 y 轴的标题可以在绘制图形前设置

D．x 轴和 y 轴刻度的标签可以在绘制图形前、后设置

（8）下列说法错误的是（　　）。

A．饼状图可以用于反映部分与部分、部分与整体之间的数量关系

B．直方图可以用于分析数据是否符合正态分布

C．折线图可以用于反映数据的变化趋势

D．箱形图可以用于表示特征间的相关关系

（9）使用颜色的缩写、类型和标记组合设置线条样式时，“b--s”表示（　　）。

A．蓝色实心正方形双画线　　B．蓝色实心五角形双画线

C．黑色实心正方形双画线　　D．黑色实心五角形双画线

（10）如果同时使用下列函数，使用顺序正确的是（　　）。

A．plot()、legend()、show()、savefig()

B．plot()、legend()、savefig()、show()

C．legend()、plot()、show()、savefig()

D．legend()、plot()、savefig()、show()

2．填空题

（1）绘制图形时，添加图表标题的函数是____________。

（2）绘制图形时，设置 x 轴刻度的函数是____________。

（3）绘制柱状图时，设置矩形柱边框颜色的参数是____________。

（4）绘制散点图时，设置点的标记类型的参数是____________。

（5）绘制饼状图时，设置比例显示为一位小数百分比的方法是__________。

（6）绘制箱形图时，设置上下限值与上下四分位数的距离的参数是__________。

（7）使用 Matplotlib 绘制图形时，需要导入__________模块。

（8）绘制图形时，设置显示 x 轴网格线的方法是____________。

（9）绘制水平柱状图的函数是____________。

（10）直方图一般用 x 轴表示__________________，用 y 轴表示________________。

3．实践题

（1）基于例 5-6“城镇单位就业人员年平均工资.xlsx”文件“按登记注册类型”工作表中的数据，使用折线图按登记注册类型分析城镇单位就业人员年平均工资的变化趋势。

（2）基于例 5-8“产品销售表.xlsx”文件中的数据，使用饼状图分析各分店产品销售额所占比例。

（3）基于例 5-11“超市销售信息表.xlsx”文件中的数据，使用柱状图对比分析每个分店不同类型顾客的支付费用。

应用篇

第 6 章

旅游网站精华游记数据分析

本章导读

随着互联网技术的发展，各种旅游网站层出不穷，它们不仅提供了票务服务预定功能，还提供了自由行和自助游分享，其中包含了海量的旅游景点图片、游记、路线行程、美食、购物等旅游攻略信息。对这些数据进行分析，可以为制订旅行计划提供参考。

学习目标

- 练习使用 Pandas 预处理重复值、缺失值、异常值和时间信息等。
- 练习使用 Pandas 导入和保存 Excel 数据。
- 练习使用 Pandas 分析数据，以及使用 Matplotlib 可视化展示数据。
- 能对数据进行预处理、分析和可视化操作。

素质目标

- 了解中国丰富的旅游资源，增强热爱祖国大好河山的情感。
- 深入理解生态文明建设原则，增强热爱自然的意识。

6.1 需求分析

6.1.1 目标分析

旅游是陶冶身心、锻炼身体、增长见识的最好方式之一，为了保障旅途的顺畅，制订旅行计划是非常有必要的，而出行时间、方式、人均消费、目的地等是人们关注的重点。

本章的目标是根据某旅游网站中精华游记（见图 6-1）的信息，包括出发时间、旅行天数、人均消费、旅行标签、阅览数和途径地点等，分析旅游的旺季和淡季、最能接受的旅游天数和人均消费、旅游方式、热门地区等。

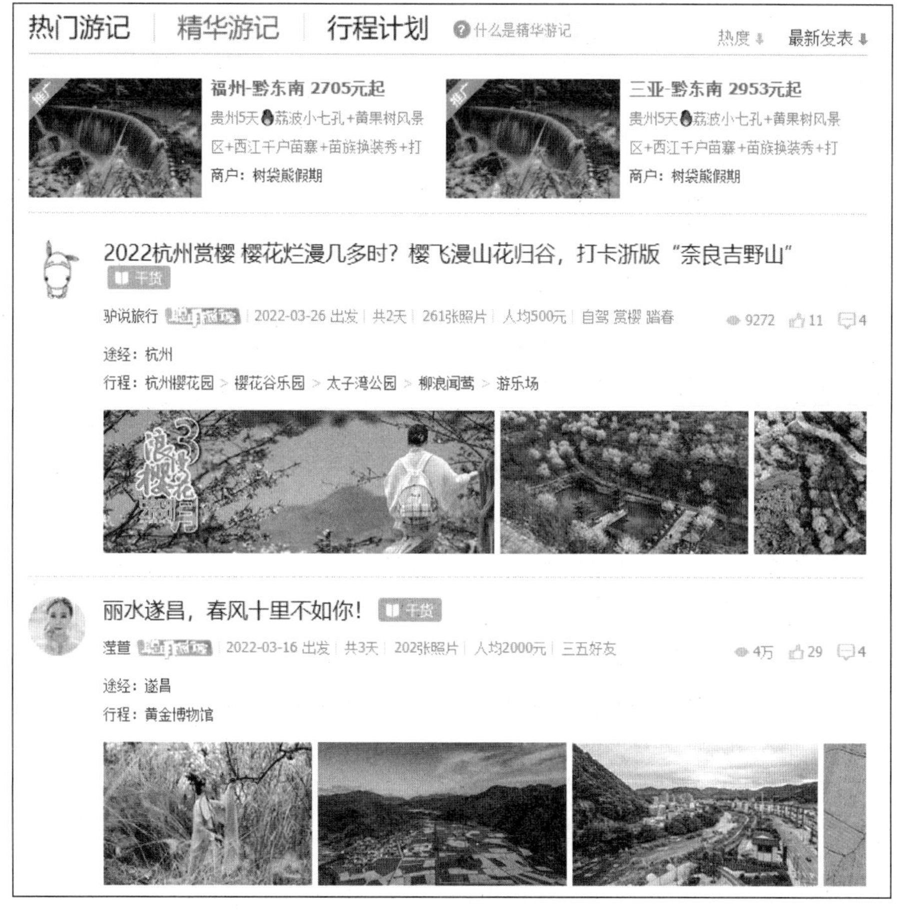

图 6-1 某旅游网站的精华游记

6.1.2 数据源

数据源为通过网络爬虫爬取的某旅游网站精华游记的数据，保存在"旅游网站精华游记数据.xlsx”文件中，内容如图 6-2 所示。

旅游网站精华游记数据.xlsx - Excel

文件 开始 插入 页面布局 公式 数据 审阅 视图 百度网盘 登录

	A	B	C	D	E	F	G
1	标题	出发日期	天数	人均消费（元）	旅行标签	阅览数	途经地点
2	2022杭州赏樱　樱花烂	2022-03-26 出发	共2天	人均500元	自驾　赏樱　踏春	8764	途经：杭州
3	丽水遂昌，春风十里不如	2022-03-16 出发	共3天	人均2000元	美食　自驾　第一次	4万	途经：遂昌
4	春日川藏线，邂逅雪山村	2022-03-18 出发	共3天			51	途经：拉萨
5	温州旅行，走进华东大峡	2022-03-17 出发	共1天			5.6万	途经：温州>泰顺
6	【宝藏纪念】大美山西，	2022-03-03 出发	共7天	人均1400元	自驾　踏春	9233	
7	阳春三月，来长白山体验	2022-03-03 出发	共4天	人均4000元	冬季	45	途经：重庆
8	不一样的日本 Ⅱ 山阴山阳	2021-03-05 出发	共7天	人均9999元	购物　美食　温泉　踏青	1.2万	途经：日本(山口市Yamaguchi)
9	吴地风华，山明水秀，和	2022-03-11 出发	共3天	人均3000元	美食　暑假　短途周末	7.2万	途经：无锡
10	江苏盐城丨赏花夜游逛馆	2022-03-11 出发	共1天		赏樱　探险	2.4万	途经：盐城
11	江苏小众旅行地，精致江	2022-03-10 出发	共1天			3.8万	途经：镇江
12	水韵江苏，南通四天三晚	2022-03-05 出发	共4天		购物　美食　短途周末	1.1万	途经：南通
13	饕餮美食艺术家，打卡最	2022-03-04 出发	共1天		美食	145	途经：靖江
14	大理&楚雄——看海鸥齐	2022-02-17 出发	共4天	人均2700元	美食　短途周末　摄影	892	途经：北京>昆明>大理>楚雄州
15	初春的古藤园	2022-02-24 出发	共1天	人均3元	骑行　短途周末　踏春	226	途经：上海
16	云南自由行攻略丨冬日暖	2021-12-12 出发	共1天	人均2500元	深度游　穷游　古镇	6907	途经：丽江
17	临淄人文手记丨母亲，与	2022-02-14 出发	共1天	人均10元	人文	54	
18	88km横穿戈壁沙漠和峡谷	2020-11-10 出发	共5天		美食　徒步　第一次	3752	途经：敦煌>峡谷
19	两天一夜，带你走进冬日	2022-02-10 出发	共2天	人均2000元	摄影　冬季	5.5万	途经：新密
20	【自驾三亚】北纬18°，	2021-04-09 出发	共5天	人均8000元	美食　自驾	282	途经：三亚

Sheet1

图 6-2　“旅游网站精华游记数据.xlsx”文件的内容

6.2 数据预处理

6.2.1　数据解析

为了方便数据分析，须首先对爬取的数据进行提取有用信息和转换格式等解析处理。例如，提取出发日期中的日期信息、天数和人均消费中的数值、途经地点中的地名；统一阅览数中的数值格式；转换天数和阅览数的数据类型为整型。

数据解析可以通过下面 7 个步骤来实现。

（1）导入“旅游网站精华游记数据.xlsx”文件中的数据。

（2）定义 dealPlace()函数用于筛选途经地点中的中文地名，以及 dealView()函数用于统一阅览数中的数值格式。

（3）使用 str.split()函数以默认的空格分割出发日期字符串，并设置其 expand 参数为 True 返回列表，获取第一个元素，即日期信息。

（4）使用 str.slice()函数切片获取天数和人均消费字符串的元素，即天数和人均消费的数值，并将天数的数据类型转换为整型。

（5）使用 lambda 表达式调用 dealPlace()函数，并使用 str.replace()函数将途经地点字符串中“途经：”替换为空字符、将“>”替换为“、”。

（6）使用 lambda 表达式调用 dealView()函数，并将阅览数的数据类型转换为整型。

（7）输出解析后的数据。

实现代码如下。

```
import pandas as pd
df = pd.read_excel('旅游网站精华游记数据.xlsx')
def dealPlace(place):                        #筛选途经地点中的中文地名
    s = ''
    if type(place) == str:
        for c in place:
            if not (((c >= 'a') and (c <= 'z'))
                    or ((c >= 'A') and (c <= 'Z'))):
                s = s + c
    else:
        s = place
    return s
def dealView(view):                          #统一阅览数中的数值格式
    num = view
    if type(num) == str:
        if '万' in num:
            if '.' in num:
                num = num.replace('.', '').replace('万', '000')
            else:
                num = num.replace('万', '0000')
    return num
df['出发日期'] = df['出发日期'].str.split(expand=True)[0]
df['天数'] = df['天数'].str.slice(1, -1).astype('int')
df['人均消费(元)'] = df['人均消费(元)'].str.slice(2, -1)
#使用lambda调用dealPlace()函数
df['途经地点'] = df['途经地点'].apply(lambda x: dealPlace(x))
df['途经地点'] = df['途经地点'].str.replace('途经：', '',
regex=False).str.replace('>', '、', regex=False)
#使用lambda调用dealView()函数
df['阅览数'] = df['阅览数'].apply(lambda x: dealView(x)).
astype('int')
print(df[['出发日期', '天数', '人均消费(元)', '阅览数', '途经地点']])
```

提 示

Pandas 提供了 apply()函数用于调用函数处理数据。如果 Series 对象使用该函数，则调用的函数作用于每个元素；如果 DataFrame 对象使用该函数，则调用的函数作用于每行或每列。

Pandas 还提供了 astype(dtype)函数用于将数据转换为指定的数据类型。

程序运行结果如图 6-3 所示。

```
              出发日期   天数  人均消费（元）      阅览数              途经地点
0      2022-03-26   2       500    8764                   杭州
1      2022-03-16   3      2000   40000                   遂昌
2      2022-03-18   3       NaN      51                   拉萨
3      2022-03-17   1       NaN   56000                温州、泰顺
4      2022-03-03   7      1400    9233                  NaN
...           ...  ..       ...     ...                  ...
1995   2017-05-16   5      2500    7077   龙脊梯田        、桂林、阳朔
1996   2017-03-25  13      8600    6074            日本(和歌山市)
1997   2017-06-01   4      1500    4501                  NaN
1998   2017-05-29   6     25000    7597            丹麦(哥本哈根)
1999   2014-10-31   8      8000    4259      泰国(曼谷)、乌克兰(苏梅)

[2000 rows x 5 columns]
```

图 6-3　数据解析程序运行结果

6.2.2　重复值处理

旅游网站中会存在相同的游记，此时，须对数据中的重复值进行处理。此处，根据标题检查数据是否存在重复值，除包含重复值的第一行外，其他包含重复值的行标记为 True，并输出标记为 True 的行索引；然后，删除重复值，并输出删除前、后数据的行数。实现代码如下。

```
df1 = df.duplicated(subset=['标题'])
print('除包含重复值的第一行外，其他包含重复值标记为 True 的行：\n',
df1[df1 == True])
print('删除重复值前数据的行数：', len(df))
df.drop_duplicates(subset=['标题'],inplace=True,ignore_index=True)
print('删除重复值后数据的行数：', len(df))
```

程序运行结果如图 6-4 所示。

```
除包含重复值的第一行外，其他包含重复值标记为True的行:
 186      True
680      True
681      True
682      True
683      True
788      True
799      True
983      True
995      True
1117     True
1745     True
1746     True
1747     True
1748     True
1749     True
1750     True
dtype: bool
删除重复值前数据的行数:  2000
删除重复值后数据的行数:  1984
```

图 6-4　重复值处理程序运行结果

6.2.3　缺失值处理

当每条游记信息中缺失的信息大于 2 时，可以认为该游记失去参考价值，需要删除。此处，将数据转置后统计每列的缺失值个数，并输出缺失值大于 2 的行索引及其个数；然后，删除缺失值个数大于 2（即非缺失值个数小于 5）的行，并输出删除前、后数据的行数。实现代码如下。

```
df2 = df.T.isnull().sum()
print('缺失值个数大于 2 的行: \n', df2[df2 > 2])
print('删除缺失值前数据的行数: ', len(df))
df.dropna(how='all', thresh=5, inplace=True)
print('删除缺失值后数据的行数: ', len(df))
```

程序运行结果如图 6-5 所示。

```
缺失值个数大于2的行:
 243      3
422      3
426      3
1678     3
1734     3
dtype: int64
删除缺失值前数据的行数:  1984
删除缺失值后数据的行数:  1979
```

图 6-5　缺失值处理程序运行结果

6.2.4 异常值处理

此次数据分析的目的是为上班族制订旅行计划提供参考数据，而上班族往往没有长假期，因此可以将天数过长（如大于 15）的数据看作异常值，需要删除。此处，使用布尔型索引选取天数大于 15 的行，并输出选取数据的行数及前 10 行；然后，删除包含异常值的行，并输出删除前、后数据的行数。实现代码如下。

```
val = df['天数'][(df['天数'] > 15)]
print('天数大于 15 的异常值个数: ', val.count())
print('天数大于 15 的异常值前 10 行: \n', val.head(10))
print('删除异常值前数据的行数: ', len(df))
df.drop(val.index, inplace=True)
print('删除异常值后数据的行数: ', len(df))
```

程序运行结果如图 6-6 所示。

```
天数大于15的异常值个数:  56
天数大于15的异常值前10行:
 71       30
127       99
233       23
322       34
367      366
432       44
504       16
527       23
596       18
607      365
Name: 天数, dtype: int32
删除异常值前数据的行数:  1979
删除异常值后数据的行数:  1923
```

图 6-6 异常值处理程序运行结果

从图 6-6 可以看出，天数大于 15 的数据有 56 个，且存在大于 300 的数据，显然与普遍情况不符。

6.2.5 时间信息处理

由于需要按月分析数据，因此须提取日期中的月份信息。此处，将出发日期转换成时间型数据，通过其属性提取月份信息，并将其添加到列末；然后，输出出发日期和月份的前 20 行。实现代码如下。

```
df['月份'] = pd.to_datetime(df['出发日期']).dt.month
print(df[['出发日期', '月份']].head(20))
```

程序运行结果如图 6-7 所示。

```
          出发日期  月份
0   2022-03-26   3
1   2022-03-16   3
2   2022-03-18   3
3   2022-03-17   3
4   2022-03-03   3
5   2022-03-03   3
6   2021-03-05   3
7   2022-03-11   3
8   2022-03-11   3
9   2022-03-10   3
10  2022-03-05   3
11  2022-03-04   3
12  2022-02-17   2
13  2022-02-24   2
14  2021-12-12  12
15  2022-02-14   2
16  2020-11-10  11
17  2022-02-10   2
18  2021-04-09   4
19  2021-08-08   8
```

图 6-7　时间信息处理程序运行结果

6.2.6　预处理数据保存

为方便后续分析，将预处理后的数据保存到“旅游网站精华游记数据_预处理.xlsx”文件中，实现代码如下。

```
df.to_excel('旅游网站精华游记数据_预处理.xlsx', index=False)
```

程序运行后，将生成“旅游网站精华游记数据_预处理.xlsx”文件，其内容如图 6-8 所示。

旅游网站精华游记数据_预处理.xlsx - Excel

文件　开始　插入　页面布局　公式　数据　审阅　视图　百度网盘　登录

	A	B	C	D	E	F	G	H
1	标题	出发日期	天数	人均消费（元）	旅行标签	阅览数	途经地点	月份
2	2022杭州赏樱	2022-03-26	2	500	自驾　赏樱	8764	杭州	3
3	丽水遂昌，春风	2022-03-16	3	2000	美食　自驾	40000	遂昌	3
4	春日川藏线，邂	2022-03-18	3			51	拉萨	3
5	温州旅行，走进	2022-03-17	1			56000	温州、泰顺	3
6	【宝藏纪念】大	2022-03-03	7	1400	自驾　踏青	9233		3
7	阳春三月，来长	2022-03-03	4	4000	冬季	45	重庆	3
8	不一样的日本‖	2021-03-05	7	9999	购物　美食	12000	日本(山口市)	3
9	吴地风华，山明	2022-03-11	3	3000	美食　暑假	72000	无锡	3
10	江苏盐城丨赏花	2022-03-11	1		赏樱　探险	24000	盐城	3
11	江苏小众旅行地	2022-03-10	1			38000	镇江	3
12	水韵江苏，南通	2022-03-05	4		购物　美食	11000	南通	3
13	饕餮美食艺术家	2022-03-04	1		美食	145	靖江	3
14	大理&楚雄——ネ	2022-02-17	4	2700	美食　短途	892	北京、昆明、大理、楚雄州	2
15	初春的古藤园	2022-02-24	1	3	骑行　短途	226	上海	2
16	云南自由行攻略	2021-12-12	1	2500	深度游　字	6907	丽江	12
17	临淄人文手记丨	2022-02-14	1	10	人文	54		2
18	88km横穿戈壁沙	2020-11-10	5		美食　徒步	3752	敦煌、峡谷	11
19	两天一夜，带你	2022-02-10	2	2000	摄影　冬季	55000	新密	2
20	【自驾三亚】北	2021-04-09	5	8000	美食　自驾	282	三亚	4

Sheet1

图 6-8　“旅游网站精华游记数据_预处理.xlsx”文件的内容

6.3 数据分析与可视化

下面将从旅游月份、天数和人均消费、旅游方式、热门地区等方面，对预处理后的数据进行分析与可视化展示。

6.3.1 旅游月份分析

通过游记中出行时间的月份，可以分析旅游的旺季和淡季。此处，使用折线图分析每月游客旅游次数。

首先，导入“旅游网站精华游记数据_预处理.xlsx”文件中的数据，并设置中文字体；然后，将数据按月份分组及获取统计个数；最后，创建新画布，设置大小为(10, 5)，以统计个数的行标签为 *x* 轴数据、数值为 *y* 轴数据、线条颜色为(0.894, 0, 0.498)绘制折线图，并设置 *x* 轴刻度、*x* 轴和 *y* 轴标题、图表标题和每个数据的文本标签。实现代码如下。

```
import matplotlib.pyplot as plt
import pandas as pd
df = pd.read_excel('旅游网站精华游记数据_预处理.xlsx')
plt.rcParams['font.sans-serif'] = 'SimHei'
df_month = df.groupby('月份').size()      #按月分组及获取统计个数
#绘制每月游客旅游次数折线图
plt.figure(figsize=(10, 5))
x = df_month.index
plt.plot(x, df_month, color=(0.894, 0, 0.498))
plt.xticks(range(1, 13))
plt.xlabel('月份')
plt.ylabel('旅游次数')
plt.title('每月游客旅游次数折线图')
for a, b in zip(x, df_month):
    plt.text(a, b, '%d' % b, ha='center')
plt.show()
```

程序运行结果如图 6-9 所示。

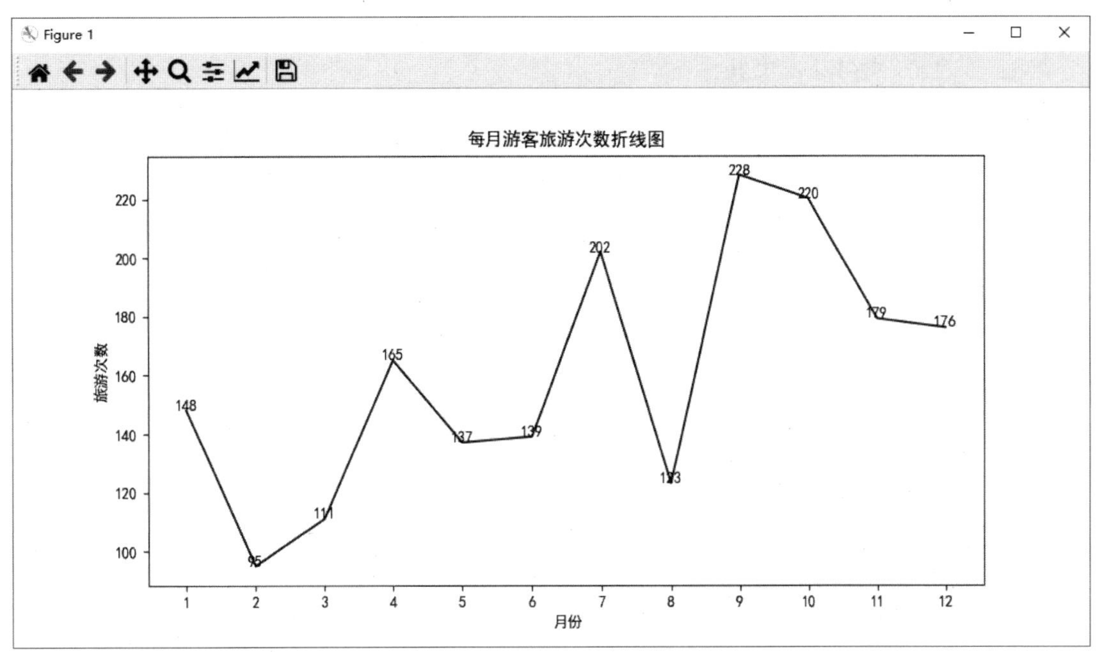

图 6-9　每月游客旅游次数折线图

从图 6-9 可以看出，本次采集的游记数据中，7 月、9 月和 10 月是旅游旺季，2 月和 3 月是旅游淡季。

6.3.2　旅游天数和人均消费分析

通过游记中的旅游天数和人均消费，可以分析游客最能接受的旅游天数和人均消费。此处，使用直方图按天数和人均消费分析旅游次数。

首先，创建新画布，设置大小为(10, 9)；然后，创建第一个子图，以天数为 *x* 轴数据、统计的旅游次数为 *y* 轴数据、填充颜色为(0.894, 0, 0.498)、边框颜色为黑色绘制直方图，并设置 *x* 轴、*y* 轴和子图标题；最后，创建第二个子图，以人均消费为 *x* 轴数据、统计的旅游次数为 *y* 轴数据、填充颜色为(0.894, 0, 0.498)、边框颜色为黑色绘制直方图，并设置 *x* 轴、*y* 轴和子图标题。实现代码如下。

```
plt.figure(figsize=(10, 9))
plt.subplot(2, 1, 1)
plt.hist(df['天数'], color=(0.894, 0, 0.498), edgecolor='k')
plt.xlabel('天数')
plt.ylabel('旅游次数')
plt.title('按天数统计旅游次数直方图')
plt.subplot(2, 1, 2)
plt.hist(df['人均消费(元)'], color=(0.894, 0, 0.498), edgecolor='k')
```

```
plt.xlabel('人均消费/元')
plt.ylabel('旅游次数')
plt.title('按人均消费统计旅游次数直方图')
plt.show()
```

程序运行结果如图 6-10 所示。

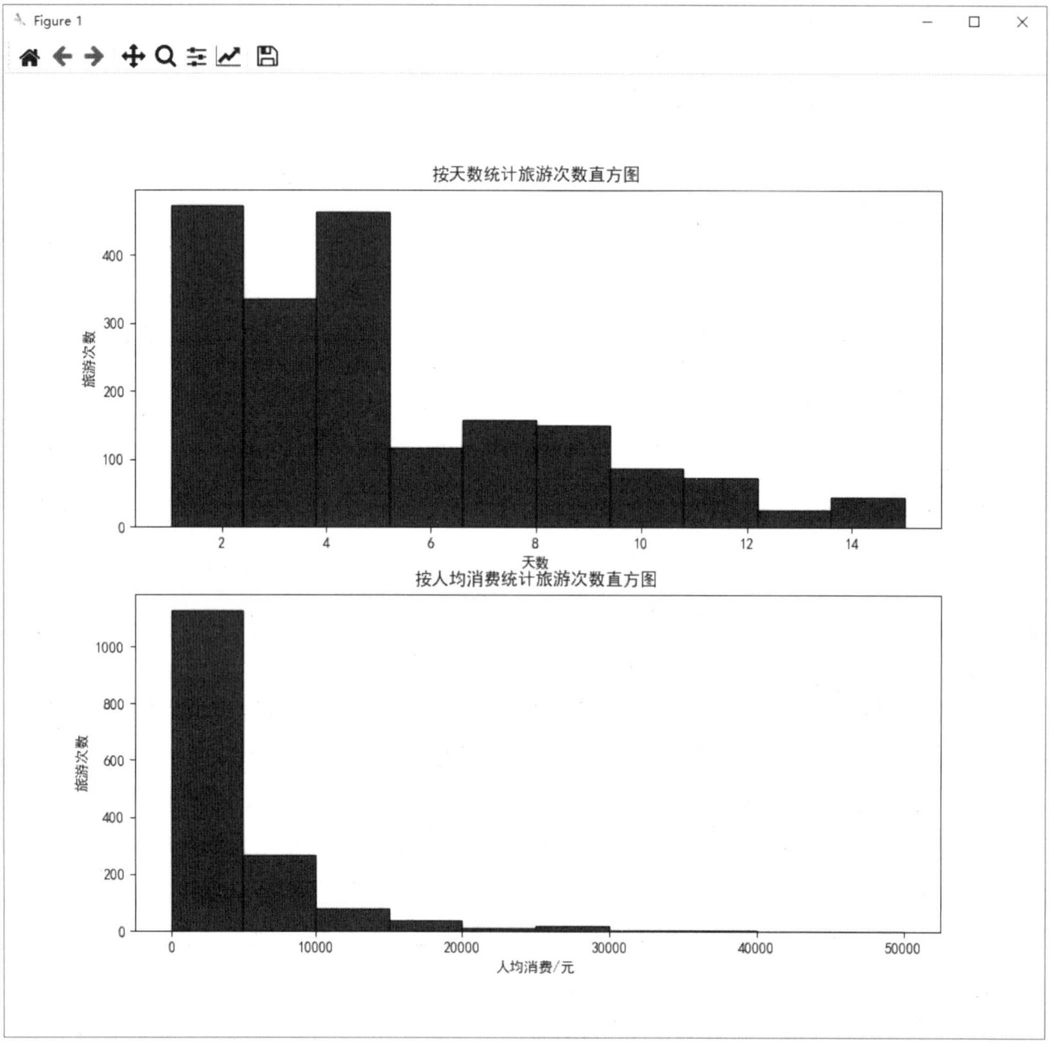

图 6-10　按天数和人均消费统计旅游次数直方图

从图 6-10 可以看出，本次采集的游记数据中，大部分游客旅游的天数在 5 天以下、人均消费在 5 000 元以下。

6.3.3　旅游方式分析

通过游记中的旅行标签，可以分析游客的旅游方式。此处，使用饼状图分析游客旅游方式。

首先，删除旅行标签列包含缺失值的行，并将该列中的数据使用空格分割，保存在 label 中；接着，定义标签列表 label_list，循环读取 label，将其中的每个元素添加到 label_list 中；然后，使用 label_list 创建 DataFrame 对象 df_label，设置列标签为标签，以及添加值都为 1 的次数列，并将 df_label 按标签分组及求统计个数聚合后按次数降序排序，获取前 5 行的数据；最后，创建新画布，以次数为扇区数据、以行标签为扇区标签、两位小数百分比为比例格式绘制饼状图，并设置图表标题。实现代码如下。

```
data_label = df['旅行标签'].dropna()
label = data_label.str.split(expand=False)
label_list = []
for i in label:
    label_list.extend(i)
#使用 label_list 创建 DataFrame 对象，并设置列标签
df_label = pd.DataFrame(label_list, columns=['标签'])
df_label['次数'] = 1                    #添加值为 1 的次数列
df_label_count = df_label.groupby('标签').agg('count').sort_values(by='次数', ascending=False).head(5)
plt.figure()
plt.pie(df_label_count['次数'], labels=df_label_count.index, autopct='%.2f%%')
plt.title('游客旅游方式饼状图')
plt.show()
```

程序运行结果如图 6-11 所示。

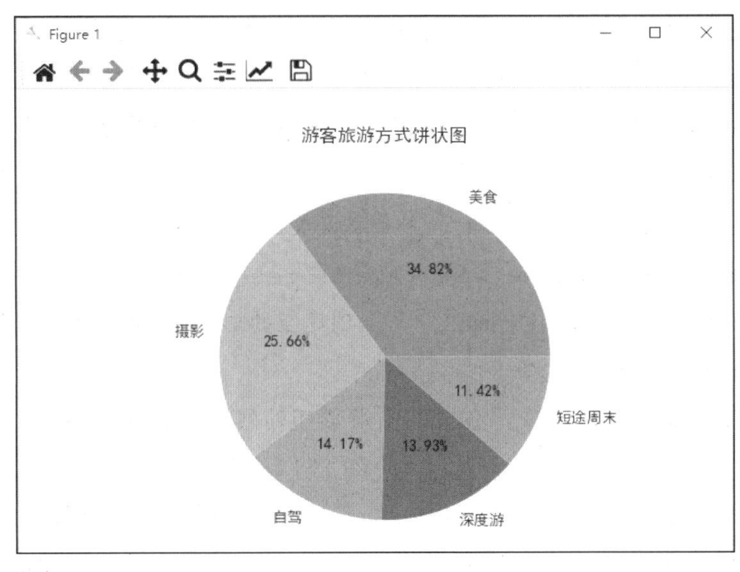

图 6-11 游客旅游方式饼状图

从图 6-11 可以看出，本次采集的游记标签数量前 5 名数据中，34.82%的游记与美食相关，25.66%的游记与摄影相关，14.17%的游客选择了自驾，深度游的数量大于短途周末的数量。

6.3.4 热门地区分析和预测

游记中的途经地点，可以反映游客已经去过的地区，如果该地区去过的游客多，说明它是该段时间的热门地区；而游记中的阅览数可以反映游客对该地区感兴趣的程度，如果游记的阅览数很高，想去相关地区的游客可能会很多，因此可以预测未来的热门地区。此处，使用柱状图分析当前的热门地区，以及预测未来的热门地区。

热门地区分析和预测可以通过下面 6 个步骤来实现。

（1）删除途经地点列包含缺失值的行，并重新设置连续行索引后赋给 df1。

（2）创建空的 DataFrame 对象 df_concat，循环 df1 的行索引。在循环中，首先使用“、”将途经地点分割，并保存在列表 place_list 中；接着使用 place_list 创建 DataFrame 对象 df_temp，并设置列标签为地点；然后将该行对应的阅览数赋值给 df_temp 的阅览数列；最后纵向合并 df_concat 和 df_temp。

（3）将值为 1 的次数列添加到 df_concat 中，然后重新设置连续的行索引，最后将其按地点分组及求和聚合，并赋给 df_group。

（4）创建新画布，设置大小为(10, 8)。

（5）创建第一个子图，将 df_group 按次数降序排序，并获取前 10 行赋给 df_place；然后以 df_place 的行标签为 x 轴数据、次数为 y 轴数据、矩形柱宽为 0.6、填充颜色为(0.894, 0, 0.498)绘制柱状图，并设置每个数据的文本标签、y 轴和图表标题。

（6）创建第二个子图，将 df_group 按阅览数降序排序，并获取前 10 行赋给 df_view；然后以 df_view 的行标签为 x 轴数据、阅览数为 y 轴数据、矩形柱宽为 0.6、填充颜色为(0.894, 0, 0.498)绘制柱状图，并设置每个数据的文本标签、y 轴和图表标题。

实现代码如下。

```
#删除途经地点列包含缺失值的行，并重新设置连续行索引
df1 = df.dropna(subset='途经地点').reset_index(drop=True)
df_concat = pd.DataFrame()    #创建空的 DataFrame 对象
for index in df1.index:
    #将途经地点列使用“、”分割，并将返回的列表赋给 place_list
    place_list = df1.iloc[index][6].split('、')
    #使用 place_list 创建 DataFrame 对象 df_temp，并设置列标签为地点
    df_temp = pd.DataFrame(place_list, columns=['地点'])
```

```
    #以该行对应的阅览数为值将阅览数列添加到 df_temp
    df_temp['阅览数'] = df1.iloc[index][5]
    #纵向合并 df_concat 和 df_temp
    df_concat = pd.concat([df_concat, df_temp])
df_concat['次数'] = 1              #在 df_concat 中添加值为 1 的次数列
#重新设置 df_concat 连续的行索引，并忽略原行索引
df_concat = df_concat.reset_index(drop=True)
#将 df_concat 按地点分组及求和聚合
df_group = df_concat.groupby('地点').agg('sum')
plt.figure(figsize=(10, 8))
plt.subplot(2, 1, 1)
df_place = df_group.sort_values(by='次数', ascending=False).head(10)
x = df_place.index
height = df_place['次数']
plt.bar(x, height, width=0.6, color=(0.894, 0, 0.498))
for a, b in zip(x, height):
    plt.text(a, b, '%d' % b, ha='center')
plt.ylabel('旅游次数')
plt.title('游记包含旅游地区次数前 10 名柱状图')
plt.subplot(2, 1, 2)
df_view = df_group.sort_values(by='阅览数', ascending=False).head(10)
x = df_view.index
height = df_view['阅览数']
plt.bar(x, height, width=0.6, color=(0.894, 0, 0.498))
for a, b in zip(x, height):
    plt.text(a, b, '%d' % b, ha='center')
plt.ylabel('阅览数')
plt.title('游记包含旅游地区阅览数前 10 名柱状图')
plt.show()
```

程序运行结果如图 6-12 所示。

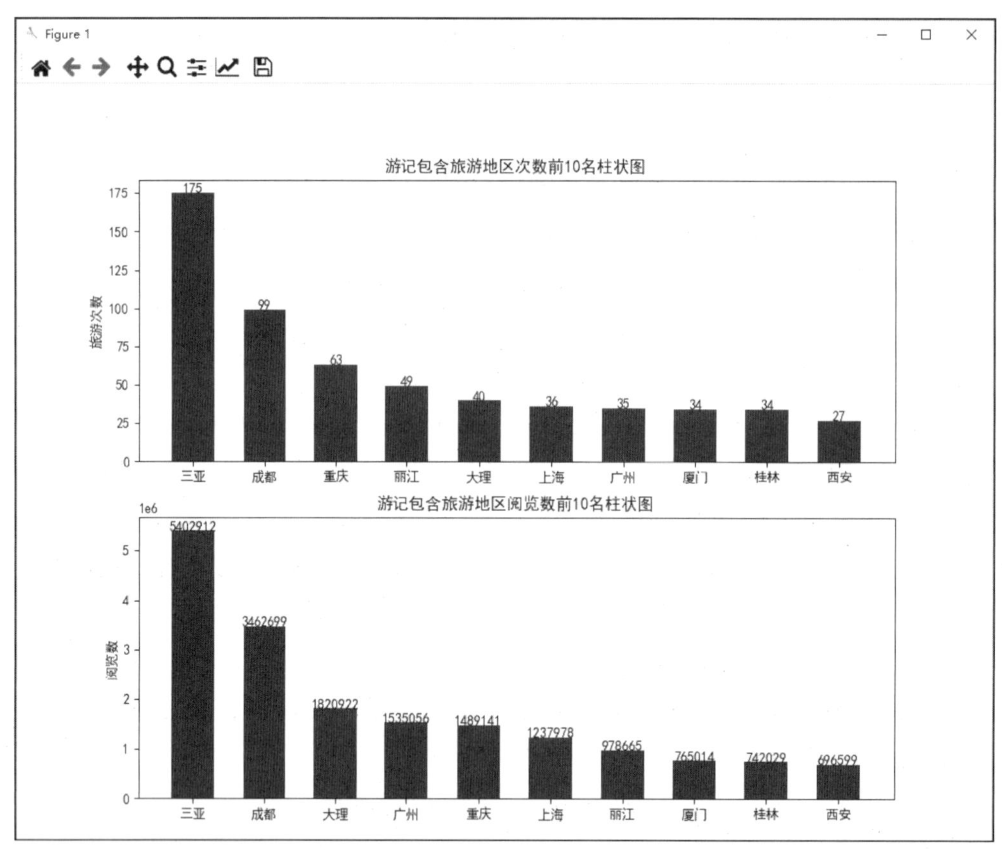

图 6-12　热门地区分析和预测柱状图

从图 6-12 可以看出，本次采集的游记数据中，游客已经去过地区前 10 名数据和阅览数包含地区前 10 名数据基本相同，只是第 3～7 名的地区顺序不太一致。去过游客人数多的地区关注度也较高，游客去旅游的可能性也较大，可以预测当前的热门地区也极可能是未来的热门地区。

辉煌中国

中国是世界上旅游资源最丰富的国家之一，资源种类繁多，类型多样，而且每种资源的积淀丰厚，拥有各种规模、年代、形态、规制、品类的特征。中国是古人类的发源地之一，也是世界文明的发祥地之一，流传至今的宝贵遗产构成了极为珍贵的旅游资源，其中许多资源以历史久远、文化古老、底蕴深厚而著称。

中国世界遗产总数达到 56 项，其中世界文化遗产 38 项、世界文化与自然双重遗产 4 项、世界自然遗产 14 项，是世界上拥有世界遗产类别最齐全的国家之一，也是世界文化与自然双重遗产数量最多的国家之一，还是世界自然遗产数量最多的国家。

原生态是旅游的资本，发展旅游不能牺牲生态环境；发展旅游要以保护环境为前提，不能过度商业化；要抓住乡村旅游兴起的时机，把资源变资产，实践好绿水青山就是金山银山的理念。

本章考核6

现有“某电商网站手机销售数据.xlsx”文件，内容如图6-13所示。

某电商网站手机销售数据.xlsx - Excel

	A	B	C	D
1	商品名	店铺名	价格	评价数
2	摩托罗拉moto edge X30新骁龙8旗舰 超大	摩托罗拉手机京东自营官方旗舰店	￥3199.00	2万+
3	Redmi 9A 5000mAh大电量 1300万AI相机	小米京东自营旗舰店	￥599.00	300万+
4	荣耀Play5T Pro 6400万双摄 6.6英寸全视	荣耀京东自营旗舰店	￥1069.00	20万+
5	京品手机Redmi Note 9 Pro 5G 一亿像素	小米京东自营旗舰店	￥1349.00	100万+
6	荣耀X30 骁龙6nm疾速5G芯 66W超级快充 1	荣耀京东自营旗舰店	￥1699.00	10万+
7	荣耀Play5T 22.5W超级快充 5000mAh大电	荣耀京东自营旗舰店	￥1049.00	50万+
8	荣耀Magic4 全新一代骁龙8 双曲屏设计 LT	荣耀京东自营旗舰店	￥4499.00	1万+
9	Apple iPhone 13 (A2634) 256GB 星光色	Apple产品京东自营旗舰店	￥6799.00	200万+
10	vivo iQOO Neo5 活力版 骁龙870 144Hz竞	iQOO京东官方自营旗舰店	￥1699.00	20万+
11	荣耀Play6T Pro	荣耀京东自营旗舰店	￥待发布	NaN
12	Redmi Note 11 5G 天玑810 33W Pro快充	小米京东自营旗舰店	￥1299.00	20万+
13	京品手机Apple iPhone 12 (A2404) 128GE	Apple产品京东自营旗舰店	￥5199.00	300万+
14	荣耀60 前后双曲设计 1亿像素超清摄影 高	荣耀京东自营旗舰店	￥2499.00	20万+
15	realme真我GT Neo3 天玑8100 150W光速秒	realme真我官方旗舰店	￥2599.00	200+
16	vivo iQOO Neo5 12GB+256GB 夜影黑 骁龙	iQOO京东官方自营旗舰店	￥2499.00	50万+
17	京品手机荣耀Play5 活力版 66W超级快充 1	荣耀京东自营旗舰店	￥1399.00	5万+
18	OPPO K9x 8+128GB 银紫超梦 天玑810 500	OPPO京东自营官方旗舰店	￥1499.00	5万+
19	Redmi K40 骁龙870 三星AMOLED 120Hz高	小米京东自营旗舰店	￥2699.00	100万+
20	荣耀畅玩20 5000mAh超大电池续航 6.5英寸	荣耀京东自营旗舰店	￥869.00	50万+

Sheet1

图6-13 “某电商网站手机销售数据.xlsx”文件的内容（部分）

（1）导入“某电商网站手机销售数据.xlsx”文件中的数据，并对其进行预处理。例如，将价格中的“￥”使用空字符替换，并转换为浮点型；将评价数中的“.”“万”和“+”进行替换，处理为只包含数字的字符串，并转换为整型；使用“~”运算符和contains()函数筛选价格中不包含“待发布”的行；删除评价数中包含缺失值的行。

（2）使用直方图分析手机价格分布。

（3）使用柱状图分析华为各系列手机销量（根据评价数推测）和均价。

（4）使用饼状图分析手机销量前10名的店铺销量比例。

第7章 二手房数据分析与房价预测

本章导读

随着互联网的发展，社会信息化程度逐渐提高，众多房产网站构建了售房者与购房者之间的沟通渠道，房源信息开始变得透明。但是，区域、房价、房型等对比还是非常麻烦。如果能够对房源信息进行多维度的统计和分析，会让数据变得清晰明了，可以为购房者提供数据参考。

学习目标

- 练习使用 Pandas 处理异常值、重复值、缺失值，离散化连续数据和编码字符型数据等。
- 练习使用 Pandas 分析数据，以及使用 Matplotlib 可视化展示数据。
- 练习使用 Scikit-learn 中的线性回归模型预测数据。
- 能根据需求对数据进行不同的预处理，选择合适的可视化图形进行分析和展示，并选择合适的相关变量进行预测。

素质目标

- 养成分析问题、事前规划的良好习惯。
- 了解国家的发展方向，增强民族自信心和自豪感。

7.1 需求分析

7.1.1 目标分析

二手房由于具有配套设施完善、选择面更广、现房交易等优势，越来越受到广大购房者的青睐。各大房产网站都会展示全国的二手房信息，当购房者浏览这些信息时，也会面临一些困扰，如哪个区域房源多、不同装修或是否靠近地铁的房源价格有没有差别、房龄对房价是否有影响等。

本章的目标是根据某房产网站中最新发布的北京二手房数据（共 100 页 3 000 条数据，见图 7-1），包括区域、户型、面积、装修、房龄、总价、结构、朝向和单价等，分析各区二手房数量和均价、二手房面积和总价区间占比、二手房房龄和均价的相关性、是否靠近地铁的不同装修二手房均价等，然后预测不同条件下二手房的房价。

图 7-1 某房产网站中最新发布的北京二手房数据

7.1.2 数据源

数据源为通过网络爬虫爬取的某房产网站中最新发布的北京二手房数据，保存在“最新发布的北京二手房数据.xlsx”文件中，内容如图 7-2 所示。

	小区名	所在街道或镇	所在区	户型	面积	朝向	装修	楼层	年份	结构	总价	单价	房源标签
2	台湖银河湾	通州其他	通州	3室1厅	79.74平米	南 北	精装	中楼层(共18层)	2018年建	板楼	550万	68,975元/平	
3	安华里社区	安贞	朝阳	1室1厅	59.06平米	西 北	其他	顶层(共18层)	1990年建	塔楼	462万	78,226元/平	
4	卢卡新天地	天通苑	昌平	2室1厅	90.03平米	东北	其他	18层	2014年建	板塔结合	492万	54,649元/平	近地铁
5	鲁能7号院水岸公馆	马坡	顺义	3室2厅	142.64平米	南 北	精装	低楼层(共15层)	2014年建	板楼	520万	36,456元/平	
6	南宫雅苑一期	丰台其他	丰台	2室2厅	99.43平米	南 北	精装	中楼层(共6层)	2003年建	板楼	283万	28,463元/平	
7	东亚印象台湖	通州其他	通州	2室1厅	65.12平米	南	其他	中楼层(共12层)	2015年建	板楼	225万	34,552元/平	
8	塔院小区	牡丹园	海淀	1室1厅	45.5平米	南	其他	低楼层(共6层)	1989年建	板楼	560万	123,077元/平	近地铁
9	中信新城两限区	亦庄开发区其他	亦庄开发区	2室1厅	72.59平米	南 北	其他	低楼层(共21层)	2013年建	板塔结合	320万	44,084元/平	
10	沸城	卢沟桥	丰台	3室1厅	123.02平米	西南	精装	中楼层(共25层)	2008年建	板塔结合	489万	39,750元/平	
11	华芳园	成寿寺	丰台	3室1厅	96.57平米	西南 北	简装	顶层(共24层)	2000年建	塔楼	430万	44,528元/平	近地铁
12	马连道中街	马连道	西城	2室1厅	48.29平米	南	其他	中楼层(共5层)	1976年建	板楼	670万	138,746元/平	
13	北分厂	海淀北部新区	海淀	2室1厅	53.8平米	南 北	精装	中楼层(共4层)	1980年建	板楼	368万	68,402元/平	近地铁
14	红莲晴园	马连道	西城	2室1厅	77平米	南	简装	低楼层(共22层)	2000年建	塔楼	820万	106,494元/平	
15	福臻家园北区	宋家庄	丰台	2室1厅	87.4平米	南 北	精装	11层	2007年建	板楼	568万	64,989元/平	
16	甜水园东里	甜水园	朝阳	3室1厅	118.89平米	西北	简装	顶层(共18层)	1996年建	塔楼	899万	75,617元/平	近地铁
17	龙翔路小区	牡丹园	海淀	2室1厅	61.4平米	东南	其他	低楼层(共16层)	1994年建	塔楼	634万	103,258元/平	
18	双兴北区	顺义城	顺义	3室3厅	137.25平米	南 北	精装	顶层(共6层)	2005年建	板楼	460万	33,516元/平	
19	万柳园小区	玉泉营	丰台	2室1厅	54.45平米	南 北	其他	中楼层(共6层)	1992年建	板楼	325万	59,688元/平	近地铁
20	玉安园	草桥	丰台	1室1厅	51.23平米	南	其他	中楼层(共17层)	1998年建	塔楼	330万	64,416元/平	
21	龙湖唐宁one	五道口	海淀	1室1厅	51.6平米	南	其他	10层	2011年建	板塔结合	350万	67,830元/平	近地铁
22	gogo新世代	方庄	丰台	2室1厅	57.79平米	北	精装	低楼层(共23层)	2005年建	塔楼	406万	70,255元/平	近地铁
23	志强南园	小西天	海淀	2室1厅	58平米	南 北	精装	高楼层(共6层)	1984年建	板楼	546万	94,138元/平	近地铁
24	玉桥北里	乔庄	通州	1室1厅	43.2平米	南	其他	顶层(共6层)	1990年建	板楼	188万	43,519元/平	
25	润枫水尚西区	朝青	朝阳	2室1厅	96.04平米	东 西	其他	9层	2007年建	板楼	860万	89,547元/平	近地铁

图 7-2 “最新发布的北京二手房数据.xlsx”文件的内容（部分）

7.2 数据预处理

7.2.1 数据解析

为方便数据分析，须首先提取字符串中的数值信息及统一信息格式。此处，可以通过下面 7 个步骤来实现。

（1）定义 dealYear()函数用于提取年份中的数值，转换为整型后计算房龄（2022 减去该数值）。

（2）定义 dealType()函数用于提取户型中室和厅的信息。在该函数中，首先创建列标签为“室”和“厅”、值为 0 的 DataFrame 对象；然后循环使用正则表达式获取每行的数值，将其转换为整型后赋值给 DataFrame 对象对应的列。

（3）将户型中的“房间”替换为“室”，然后将调用 dealType()函数返回的 DataFrame 对象通过 join()函数横向连接到原数据中。

（4）将年份中的字符替换为空字符，并使用 lambda 表达式调用 dealYear()函数。

（5）将面积、总价、单价等信息中的字符替换为空字符，仅保留数值部分，然后转换为浮点型。

（6）修改部分列标签，如“面积”修改为“面积（平方米）”、“年份”修改为“房龄”、“总价”修改为“总价（万元）”、“单价”修改为“单价（元/平方米）”等。

（7）输出面积、房龄、总价、单价、室和厅。

实现代码如下。

```
import numpy as np
import pandas as pd
import re
df = pd.read_excel('最新发布的北京二手房数据.xlsx')
```

```
pd.set_option('display.unicode.east_asian_width', True)
def dealYear(year):
    num = year
    if type(year) == str:
        num = 2022 - int(year)
    return num
def dealType(ser):
    data = np.zeros((len(ser),), dtype='int')
    df = pd.DataFrame({'室': data, '厅': data})
    for i in ser.index:
        if ser[i] != '车位':
            rec = re.findall(r'\d+', ser[i])
            df.loc[i, '室'] = int(rec[0])
            df.loc[i, '厅'] = int(rec[1])
    return df
df['户型'] = df['户型'].str.replace('房间', '室')
df = df.join(dealType(df['户型']))
df['年份'] = df['年份'].str.replace('年建', '').apply(lambda x:
dealYear(x))
df['面积'] = df['面积'].str.replace('平米', '').astype('float')
df['总价'] = df['总价'].str.replace('万', '').astype('float')
df['单价'] = df['单价'].str.replace(',', '').str.replace('元/平',
'').astype('float')
df = df.rename({'面积': '面积（平方米）', '年份': '房龄', '总价':
'总价（万元）', '单价': '单价（元/平方米）'}, axis='columns')
print(df[['面积（平方米）', '房龄', '总价（万元）', '单价（元/平方米）',
'室', '厅']])
```

程序运行结果如图 7-3 所示。

	面积（平方米）	房龄	总价（万元）	单价（元/平方米）	室	厅
0	79.74	4.0	550.0	68975.0	3	1
1	59.06	32.0	462.0	78226.0	1	1
2	90.03	8.0	492.0	54649.0	2	1
3	142.64	8.0	520.0	36456.0	3	2
4	99.43	19.0	283.0	28463.0	2	2
...	...	...	...	...	..	..
2995	74.37	18.0	690.0	92780.0	1	1
2996	107.81	10.0	240.0	22262.0	3	1
2997	259.17	15.0	2420.0	93376.0	4	2
2998	115.33	21.0	550.0	47690.0	2	2
2999	312.18	11.0	2680.0	85848.0	4	2

[3000 rows x 6 columns]

图 7-3　数据解析程序运行结果

7.2.2 异常值处理

二手房数据的户型列中包含车位信息，不在本次分析的需求中，因此可以看作异常值，需要删除。此处，使用布尔型索引选取户型为车位的行，并输出选取的数据；然后，删除包含车位的行，并输出删除前、后数据的行数。实现代码如下。

```
df1 = df[df['户型'] == '车位']
print('包含车位的行: \n', df1)
print('删除户型异常值前数据的行数: ', len(df))
df = df.drop(df1.index)
print('删除户型异常值后数据的行数: ', len(df))
```

程序运行结果如图 7-4 所示。

```
包含车位的行:
              小区名   所在街道或镇   所在区  户型  ...  单价（元/平方米） 房源标签 室 厅
523       嘉铭桐城A区   亚运村小营    朝阳  车位  ...       54902.0  近地铁  0  0
748     奥林匹克花园三期        东坝    朝阳  车位  ...       11394.0    NaN  0  0
1190      嘉铭桐城F区   亚运村小营    朝阳  车位  ...       18634.0  近地铁  0  0
1258     三环新城7号院       玉泉营    丰台  车位  ...        9172.0  近地铁  0  0
1467       橡树湾二期         清河    海淀  车位  ...       21331.0    NaN  0  0
1536      冠城大通澜石       太阳宫    朝阳  车位  ...       21484.0  近地铁  0  0
1569  中海寰宇天下熙山府      古城  石景山  车位  ...       10922.0  近地铁  0  0
1642     三环新城6号院       玉泉营    丰台  车位  ...        9223.0    NaN  0  0
1712     长阳半岛4号院        长阳    房山  车位  ...       10000.0  近地铁  0  0
1946      北街家园六区        沙河    昌平  车位  ...        4112.0    NaN  0  0
2250    首开国风美唐三期      回龙观    昌平  车位  ...        6950.0  近地铁  0  0
2532        润枫领尚    通州其他    通州  车位  ...        8987.0  近地铁  0  0
2578          清上园      安宁庄    海淀  车位  ...       16598.0    NaN  0  0
2583      保利西山林语  海淀北部新区    海淀  车位  ...        7750.0    NaN  0  0
2701       阳光新干线       亚运村    朝阳  车位  ...        7000.0  近地铁  0  0

[15 rows x 15 columns]
删除户型异常值前数据的行数:  3000
删除户型异常值后数据的行数:  2985
```

图 7-4　户型异常值处理程序运行结果

此外，如果二手房的房龄太大（如超过 50 年），该房源的购买价值也不大，需要删除。此处，使用布尔型索引选取房龄小于 0（年份存在错误）或大于 50 的数据，并输出选取的房龄数据；然后，删除包含房龄异常值的行，并输出删除前、后数据的行数。实现代码如下。

```
df2 = df['房龄'][(df['房龄'] < 0) | (df['房龄'] > 50)]
print('房龄小于 0 或大于 50 的行: \n', df2)
print('删除房龄异常值前数据的行数: ', len(df))
df = df.drop(df2.index)
print('删除房龄异常值后数据的行数: ', len(df))
```

程序运行结果如图 7-5 所示。

```
房龄小于0或大于50的行:
 171        52.0
234        57.0
237      -180.0
267        62.0
730        59.0
890        67.0
1072       55.0
1144       62.0
1289       51.0
1466       63.0
1551       59.0
1765       62.0
1810       52.0
1883       66.0
1933       52.0
1936       63.0
2182       62.0
2362       66.0
2369       61.0
2371       61.0
2598       52.0
2773       62.0
2909       65.0
2910       65.0
Name: 房龄, dtype: float64
删除房龄异常值前数据的行数:  2985
删除房龄异常值后数据的行数:  2961
```

图 7-5　房龄异常值处理程序运行结果

7.2.3　重复值处理

房产网站中会重复发布相同的房源信息，此时，须将相同的房源数据删除。此处，检查所有列都相同的重复值并输出；然后，删除除包含重复值的第一行外其他包含重复值的行，并输出删除前、后数据的行数。实现代码如下。

```
df3 = df.duplicated(keep=False)
print('所有列重复的行: \n', df[df3 == True])
print('删除重复值前数据的行数: ', len(df))
df = df.drop_duplicates()
print('删除重复值后数据的行数: ', len(df))
```

程序运行结果如图 7-6 所示。

```
所有列重复的行：
          小区名    所在街道或镇    所在区    户型   ...  单价（元/平方米） 房源标签 室 厅
29        格调小区       马连道      西城  3室1厅  ...       97975.0  近地铁  3  1
30        格调小区       马连道      西城  3室1厅  ...       97975.0  近地铁  3  1
119        东升园       五道口      海淀  3室1厅  ...      133454.0  近地铁  3  1
120        东升园       五道口      海淀  3室1厅  ...      133454.0  近地铁  3  1
569       农光南路        劲松      朝阳  3室1厅  ...       57215.0  近地铁  3  1
570       农光南路        劲松      朝阳  3室1厅  ...       57215.0  近地铁  3  1
989      滨河楼小区    门头沟其他   门头沟  2室1厅  ...      32344.0     NaN  2  1
990      滨河楼小区    门头沟其他   门头沟  2室1厅  ...      32344.0     NaN  2  1
1589      京棉新城       十里堡      朝阳  2室1厅  ...       61347.0     NaN  2  1
1590      京棉新城       十里堡      朝阳  2室1厅  ...       61347.0     NaN  2  1
1769  北苑家园紫绶园       北苑      朝阳  2室1厅  ...       60321.0  近地铁  2  1
1770  北苑家园紫绶园       北苑      朝阳  2室1厅  ...       60321.0  近地铁  2  1
1979    天通西苑三区      天通苑      昌平  3室1厅  ...       32482.0  近地铁  3  1
1980    天通西苑三区      天通苑      昌平  3室1厅  ...       32482.0  近地铁  3  1
2368  鸿坤理想城五期      西红门      大兴  1室1厅  ...       40790.0     NaN  1  1
2370  鸿坤理想城五期      西红门      大兴  1室1厅  ...       40790.0     NaN  1  1
2399        佰嘉城       回龙观      昌平  3室1厅  ...       40552.0     NaN  3  1
2400        佰嘉城       回龙观      昌平  3室1厅  ...       40552.0     NaN  3  1
2519        御路园     西关环岛      昌平  2室2厅  ...       39578.0     NaN  2  2
2520        御路园     西关环岛      昌平  2室2厅  ...       39578.0     NaN  2  2
2819        林业楼       苹果园    石景山  2室1厅  ...       57064.0  近地铁  2  1
2820        林业楼       苹果园    石景山  2室1厅  ...       57064.0  近地铁  2  1
2849    汽修一厂宿舍   奥林匹克公园    朝阳  2室1厅  ...       63203.0     NaN  2  1
2850    汽修一厂宿舍   奥林匹克公园    朝阳  2室1厅  ...       63203.0     NaN  2  1

[24 rows x 15 columns]
删除重复值前数据的行数： 2961
删除重复值后数据的行数： 2949
```

图 7-6　重复值处理程序运行结果

从图 7-6 可以看出，重复的房源信息都只重复一次，共有 24 行，但在删除重复值时，应保留其中的第一行，因此只删除 12 行。

7.2.4　缺失值处理

在房源数据中，房龄和房源标签信息存在缺失值，须对其进行处理。此处，将房龄中包含缺失值的行删除，并输出删除前、后数据的行数；然后，将房源标签中的缺失值替换为不近地铁，并输出后 10 列数据。实现代码如下。

```
print('删除房龄缺失值前数据的行数：', len(df))
df = df.dropna(subset='房龄')
print('删除房龄缺失值后数据的行数：', len(df))
df = df.fillna({'房源标签': '不近地铁'})
print('房源标签替换缺失值后的数据：\n', df.iloc[:, -10:])
```

程序运行结果如图 7-7 所示。

```
删除房龄缺失值前数据的行数： 2949
删除房龄缺失值后数据的行数： 2909
房源标签替换缺失值后的数据：
          朝向  装修            楼层   房龄  ... 单价（元/平方米） 房源标签  室  厅
0       南 北  精装  中楼层(共18层)   4.0  ...       68975.0  不近地铁  3  1
1       西 北  其他    顶层(共18层)  32.0  ...       78226.0  不近地铁  1  1
2         东北  其他           18层   8.0  ...       54649.0    近地铁  2  1
3       南 北  精装  低楼层(共15层)   8.0  ...       36456.0  不近地铁  3  2
4       南 北  精装   中楼层(共6层)  19.0  ...       28463.0  不近地铁  2  2
...       ...  ...             ...   ...  ...           ...     ...  ...  ..
2995        西  精装  中楼层(共27层)  18.0  ...       92780.0    近地铁  1  1
2996    南 北  简装           15层  10.0  ...       22262.0  不近地铁  3  1
2997    南 北  其他    顶层(共27层)  15.0  ...       93376.0  不近地铁  4  2
2998    南 北  精装            6层  21.0  ...       47690.0  不近地铁  2  2
2999  南 西 北  其他  低楼层(共32层)  11.0  ...       85848.0    近地铁  4  2

[2909 rows x 10 columns]
```

图 7-7 缺失值处理程序运行结果

7.2.5 连续数据离散化

为了分析二手房面积和总价的区间信息，须将连续数据离散化，划分成不同的区间。此处，将面积和总价划分成不同的区间；然后，将区间的数据添加到原数据列末，并输出离散化后数据的后 5 列。实现代码如下。

```
bins = [1, 60, 90, 120, 150, 180, 210, 520]
area_label = ['60平方米以下', '60~90平方米', '90~120平方米', '120~150平方米', '150~180平方米', '180~210平方米', '210平方米以上']
df['面积区间'] = pd.cut(list(df['面积(平方米)']), bins, labels=area_label)                #面积数据的离散化
bins = [1, 200, 400, 600, 800, 1000, 2000, 4500]
totalPrice_label = ['200万元以下', '200万~400万元', '400万~600万元', '600万~800万元', '800万~1000万元', '1000万~2000万元', '2000万元以上']
df['总价区间'] = pd.cut(list(df['总价(万元)']), bins, labels=totalPrice_label)                #总价数据的离散化
print(df.iloc[:, -5:])
```

程序运行结果如图 7-8 所示。

```
      房源标签  室  厅        面积区间          总价区间
0     不近地铁  3   1     60~90平方米   400万~600万元
1     不近地铁  1   1     60平方米以下  400万~600万元
2       近地铁  2   1    90~120平方米   400万~600万元
3     不近地铁  3   2   120~150平方米   400万~600万元
4     不近地铁  2   2    90~120平方米   200万~400万元
...      ...  ..  ..           ...             ...
2995    近地铁  1   1     60~90平方米   600万~800万元
2996  不近地铁  3   1    90~120平方米   200万~400万元
2997  不近地铁  4   2    210平方米以上     2000万元以上
2998  不近地铁  2   2    90~120平方米   400万~600万元
2999    近地铁  4   2    210平方米以上     2000万元以上

[2909 rows x 5 columns]
```

图 7-8　连续数据离散化程序运行结果

7.2.6　字符型数据编码

在使用模型对房价进行预测时，无法使用字符型数据，须对其进行编码。此处，将所在区、装修、结构、房源标签和朝向进行编码，然后将数据保存到“最新发布的北京二手房数据_预处理.xlsx”文件中。其中，编码前须重新设置连续的行索引；结构编码前须删除其中包含暂无数据的行；定义 get_dummies_dirt()函数用于东、南、西、北、东北、东南、西南和西北 8 个方位的编码。实现代码如下。

```
df = df.reset_index(drop=True)
df = df.join(pd.get_dummies(df['所在区']))
df = df.join(pd.get_dummies(df['装修']))
df = df.drop(df[df['结构'] == '暂无数据'].index)
df = df.join(pd.get_dummies(df['结构']))
df = df.join(pd.get_dummies(df['房源标签']))
def get_dummies_dirt(ser):
    dirts = ['东', '南', '西', '北', '东北', '东南', '西南', '西北']
    data = np.zeros((len(ser),), dtype='int')#创建数值为 0 的数组
    df = pd.DataFrame({'东': data, '南': data, '西': data, '北': 
data, '东北': data, '东南': data, '西南': data, '西北': data}, 
index=ser.index)
    for i in ser.index:
        #分割字符串
        rec = ser[i].strip().split(' ')
        #遍历每条数据分割后的方位
        for dirt in rec:
            #如果方位信息包含在 dirts 中，则该方位列对应的行赋值为 1
            if dirt in dirts:
```

```
                df[dirt][i] = 1
        return df
    df = df.join(get_dummies_dirt(df['朝向']))
    df.to_excel('最新发布的北京二手房数据_预处理.xlsx', index=False)
```

程序运行后，将生成“最新发布的北京二手房数据_预处理.xlsx”文件，其内容如图 7-9 所示。

最新发布的北京二手房数据_预处理.xlsx - Excel

	R	S	T	U	V	W	X	Y	Z	AA	AB	AC	AD	AE	AF	AG	AH	AI	AJ	AK	AL	AM	AN
1	东城	丰台	亦庄开发区	大兴	密云	平谷	延庆	怀柔	房山	昌平	朝阳	海淀	石景山	西城	通州	门头沟	顺义	其他	毛坯	简装	精装	塔楼	平房
2	0	0	0	0	0	0	0	0	0	0	0	0	0	0	1	0	0	0	0	0	1	0	0
3	0	0	0	0	0	0	0	0	0	0	1	0	0	0	0	0	0	1	0	0	0	1	0
4	0	0	0	0	0	0	0	0	0	1	0	0	0	0	0	0	0	1	0	0	0	0	0
5	0	0	0	0	0	0	0	0	0	0	0	0	0	0	0	0	1	0	0	0	1	0	0
6	0	1	0	0	0	0	0	0	0	0	0	0	0	0	0	0	0	0	0	0	1	0	0
7	0	0	0	0	0	0	0	0	0	0	0	0	0	0	1	0	0	1	0	0	0	0	0
8	0	0	0	0	0	0	0	0	0	0	0	1	0	0	0	0	0	1	0	0	0	0	0
9	0	0	1	0	0	0	0	0	0	0	0	0	0	0	0	0	0	1	0	0	0	0	0
10	0	1	0	0	0	0	0	0	0	0	0	0	0	0	0	0	0	0	0	0	1	0	0
11	0	1	0	0	0	0	0	0	0	0	0	0	0	0	0	0	0	0	0	1	0	1	0
12	0	0	0	0	0	0	0	0	0	0	0	0	0	1	0	0	0	1	0	0	0	0	0
13	0	0	0	0	0	0	0	0	0	0	0	1	0	0	0	0	0	0	0	0	1	0	0
14	0	0	0	0	0	0	0	0	0	0	0	0	0	1	0	0	0	0	0	1	0	1	0
15	0	1	0	0	0	0	0	0	0	0	0	0	0	0	0	0	0	0	0	0	1	0	0
16	0	0	0	0	0	0	0	0	0	0	1	0	0	0	0	0	0	0	0	1	0	1	0
17	0	0	0	0	0	0	0	0	0	0	0	1	0	0	0	0	0	1	0	0	0	1	0
18	0	0	0	0	0	0	0	0	0	0	0	0	0	0	0	0	1	0	0	0	1	0	0
19	0	1	0	0	0	0	0	0	0	0	0	0	0	0	0	0	0	1	0	0	0	0	0
20	0	1	0	0	0	0	0	0	0	0	0	0	0	0	0	0	0	1	0	0	0	1	0
21	0	0	0	0	0	0	0	0	0	0	0	1	0	0	0	0	0	1	0	0	0	0	0
22	0	1	0	0	0	0	0	0	0	0	0	0	0	0	0	0	0	0	0	0	1	1	0
23	0	0	0	0	0	0	0	0	0	0	0	1	0	0	0	0	0	0	0	0	1	0	0
24	0	0	0	0	0	0	0	0	0	0	0	0	0	0	1	0	0	1	0	0	0	0	0
25	0	0	0	0	0	0	0	0	0	0	1	0	0	0	0	0	0	1	0	0	0	0	0

Sheet1

图 7-9 “最新发布的北京二手房数据_预处理.xlsx”文件的内容（部分）

7.3 数据分析与可视化

7.3.1 各区二手房数量和均价分析

哪个区的房源多，就意味着该区房地产市场活跃，也表明如果购买了该地区房产，未来也相对比较容易售卖，因此可以对各区二手房数量和均价做对比分析。此处，在双轴图中使用柱状图分析各区二手房数量，使用折线图分析各区二手房均价。

各区二手房数量和均价分析可以通过下面 4 个步骤来实现。

（1）导入“最新发布的北京二手房数据_预处理.xlsx”文件中的数据，并设置中文字体。

（2）创建新画布，设置大小为(12, 6)。

（3）将数据按所在区分组，并使用 size()函数获取每个分组的统计个数；然后，创建一行一列的子图 ax1，以统计个数的行标签为 x 轴数据、数值为 y 轴数据、颜色为(0.894, 0, 0.498)绘制柱状图，并设置 y 轴标题、图例和图表标题。

（4）将数据按所在区分组，并将分组数据的单价列按均值聚合，然后使用 twinx()函数创建一个共享 x 轴的子图 ax2，以均值为 y 轴数据、蓝色点画线星号为线条样式绘制折线图，

并设置 y 轴标题、图例和每个数据的文本标签。

提　示

> 双轴图是指在同一子图中绘制两个 x 轴或 y 轴，Matplotlib 提供了 twinx()函数用于绘制共享 x 轴、两个 y 轴的双轴图，以及 twiny()函数用于绘制共享 y 轴、两个 x 轴的双轴图。
>
> 在双轴图中，可以使用子图的 set_xlabel()函数或 set_ylabel()函数设置 x 轴或 y 轴标题，如 ax1.set_ylabel('房源数量')。

实现代码如下。

```
import matplotlib.pyplot as plt
import numpy as np
import pandas as pd
df = pd.read_excel('最新发布的北京二手房数据_预处理.xlsx')
plt.rcParams['font.sans-serif'] = 'SimHei'
plt.figure(figsize=(12, 6))
#绘制各区二手房数量柱状图
df_count = df.groupby('所在区').size()
ax1 = plt.subplot(1, 1, 1)
x = df_count.index
height = df_count
ax1.bar(x, height, width=0.6, color=(0.894, 0, 0.498))
ax1.set_ylabel('房源数量')
ax1.legend(('数量',), loc='upper left')
plt.title('各区二手房数量和均价双轴图')
#绘制各区二手房均价折线图
df_price = df.groupby('所在区')['单价（元/平方米）'].agg('mean')
ax2 = ax1.twinx()
y = df_price
ax2.plot(x, y, 'b-.*')
ax2.set_ylabel('房源均价/（元/平方米）')
ax2.legend(('均价',), loc='upper right')
for a, b in zip(x, y):
    ax2.text(a, b, '%d' % b, ha='center')
plt.show()
```

程序运行结果如图 7-10 所示。

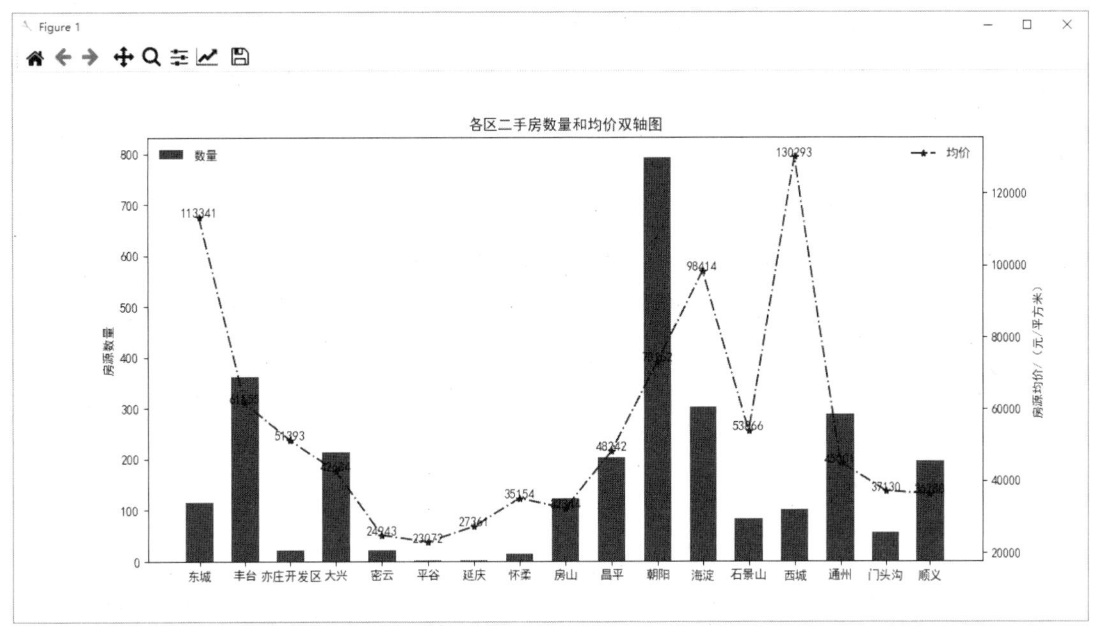

图 7-10 各区二手房数量和均价双轴图

从图 7-10 可以看出，本次采集的房源数据中，西城区的房源均价最高，平谷区的房源均价最低，且相差较大；均价超过 10 万元的区有东城和西城；朝阳区的房源数量最多，其均价处于中间水平。

7.3.2 二手房面积和总价区间占比分析

对于购房者来说，房源面积和总价也是重点考虑的问题。此处使用饼状图分析北京二手房面积和总价区间占比。

首先，创建新画布，设置大小为(12, 6)；然后，将数据按面积区间分组及获取其统计个数，创建第一个子图，以统计个数的数值为扇区数据、行标签为扇区标签、两位小数百分比为比例格式绘制饼状图，并设置子图标题；最后，将数据按总价区间分组及获取其统计个数，创建同一行的第二个子图，以统计个数的数值为扇区数据、行标签为扇区标签、两位小数百分比为比例格式绘制饼状图，并设置子图标题。实现代码如下。

```
plt.figure(figsize=(12, 6))
#绘制北京二手房面积区间占比饼状图
df_area_count = df.groupby('面积区间').size()
plt.subplot(1, 2, 1)
x = df_area_count
label = df_area_count.index
plt.pie(x, labels=label, autopct='%.2f%%')
plt.title('北京二手房面积区间占比饼状图')
```

```
#绘制北京二手房总价区间占比饼状图
df_totalPrice_count = df.groupby('总价区间').size()
plt.subplot(1, 2, 2)
x = df_totalPrice_count
label = df_totalPrice_count.index
plt.pie(x, labels=label, autopct='%.2f%%')
plt.title('北京二手房总价区间占比饼状图')
plt.show()
```

程序运行结果如图 7-11 所示。

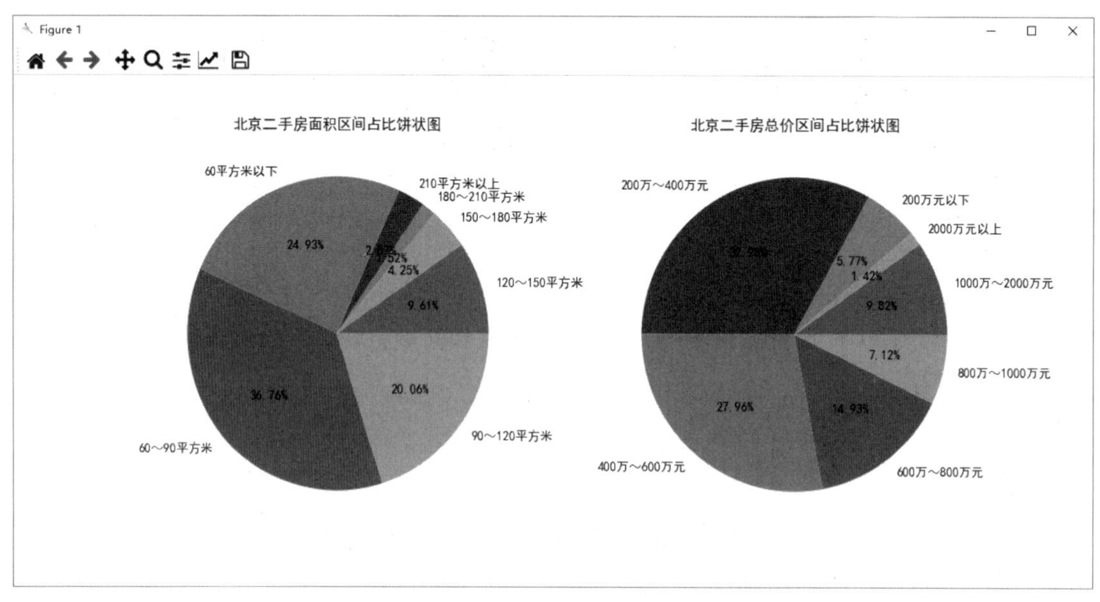

图 7-11　二手房面积和总价区间占比饼状图

从图 7-11 可以看出，本次采集的房源数据中，120 平方米以下的房源占大部分，且 60～90 平方米的房源最多；200 万～800 万元的房源占大部分，且 200 万～400 万元的房源最多。

7.3.3　二手房房龄与均价的相关性分析

商品房产权一般只有 70 年，因此购房时需要考虑房源房龄。此处，使用散点图分析二手房房龄与均价的相关性。

首先，将数据按房龄分组并求均值聚合；然后，创建新画布，设置大小为(12, 6)，以聚合数据的行标签为 x 轴数据、单价列（即均值）为 y 轴数据、颜色为(0.894, 0, 0.498)绘制散点图，并设置 x 轴、y 轴和图表标题。实现代码如下。

```
df_average = df.groupby('房龄').agg('mean')
plt.figure(figsize=(12, 6))
```

```
x = df_average.index
y = df_average['单价（元/平方米）']
plt.scatter(x, y, color=(0.894, 0, 0.498))
plt.xlabel('房龄')
plt.ylabel('均价/（元/平方米）')
plt.title('二手房房龄与均价的相关性散点图')
plt.show()
```

程序运行结果如图 7-12 所示。

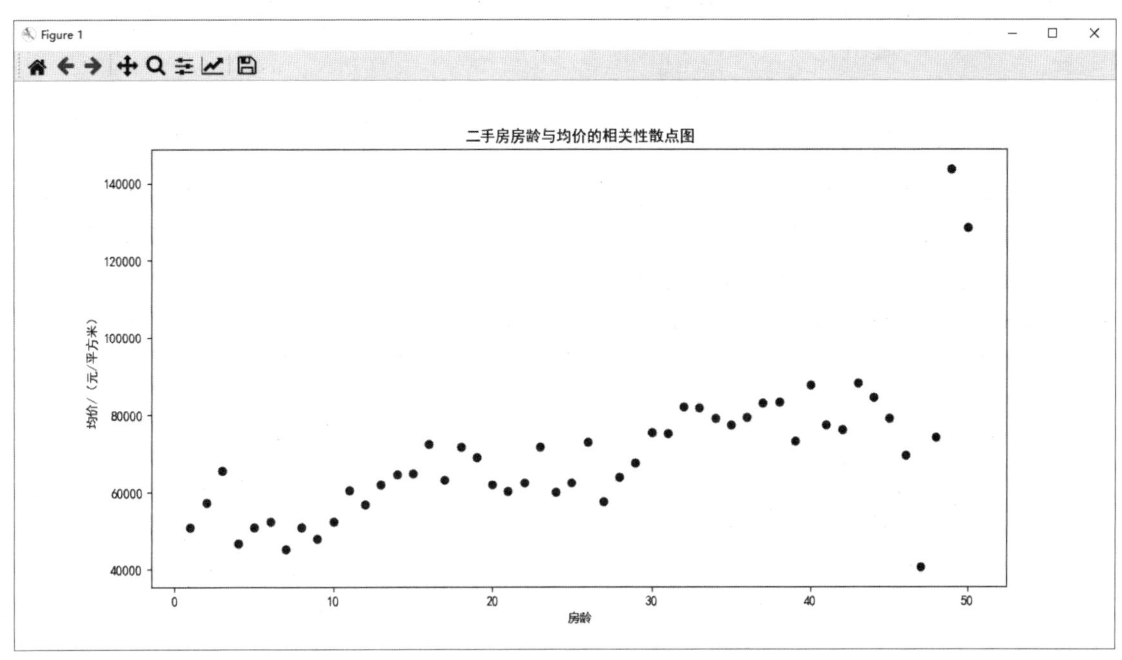

图 7-12　二手房房龄与均价的相关性散点图

从图 7-12 可以看出，本次采集的房源数据中，房龄和均价有一定的正相关，随着房龄的增加，整体均价有一定幅度的增长，这可能是房龄越大，房源地理位置越靠近中心的原因。

7.3.4　是否靠近地铁的不同装修二手房均价分析

是否靠近地铁意味着交通是否方便，而不同的装修则意味着购房后是否可以直接入住或不同的装修费用。对是否靠近地铁的不同装修房源均价的分析，可以为购房者是否将这两个因素纳入考虑范围中提供参考。此处，使用多柱状图分析是否靠近地铁的不同装修二手房的均价。

首先，以单价为统计字段、以装修和房源标签分别为行字段和列字段、以均值为统计指标绘制透视表；然后，创建新画布，以区间为[0, 4)和等差为 1 的数列为 x 轴数据、以透视表

的不近地铁列为 y 轴数据绘制第一组柱状图，以增加宽度的等差数列为 x 轴数据、以透视表的近地铁列为 y 轴数据绘制第二组柱状图，并设置 x 轴和 y 轴标题、图例、x 轴刻度标签和图表标题。实现代码如下。

```
df1 = pd.pivot_table(df, values='单价（元/平方米）', index='装修',
columns='房源标签', aggfunc='mean')
plt.figure()
width = 0.3
x = np.arange(4)
plt.bar(x, df1['不近地铁'], width)
x = x + width
plt.bar(x, df1['近地铁'], width)
plt.xlabel('装修')
plt.ylabel('均价/（元/平方米）')
plt.legend(df1.columns)
plt.xticks(np.arange(4) + width / 2, df1.index)
plt.title('是否靠近地铁的不同装修二手房均价柱状图')
plt.show()
```

程序运行结果如图 7-13 所示。

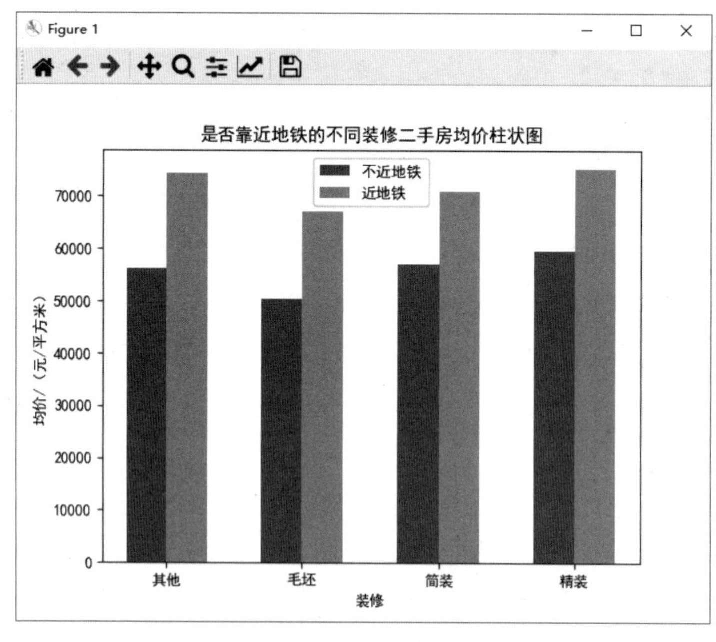

图 7-13　是否靠近地铁的不同装修二手房均价柱状图

从图 7-13 可以看出，本次采集的房源数据中，靠近地铁比不靠近地铁的均价要高；精装修的均价最高，毛坯的均价最低，但差距不是很大。

7.4 使用线性回归模型预测房价

市场上的房价受多种因素影响，通过对它们进行分析，有助于对未来房价的走势进行预测。

多元线性回归适用于分析受多因素影响的连续数据。由多个自变量的最优组合来估计或预测因变量，比只用一个自变量进行估计或预测更有效，更符合实际。本节利用多元线性回归模型，通过某房产网站上最新发布的北京二手房数据，预测北京二手房未来的房价。

在建立回归模型时，选择面积、户型（室和厅）、所在区（北京16个行政区和亦庄开发区）、装修（毛坯、简装和精装）、结构（塔楼、板楼、板塔结合和平房）、房源标签（近地铁和不近地铁）、朝向（东、南、西、北、东北、东南、西南和西北）和房龄作为自变量，单价作为因变量。根据二八原则，以80%的样本数据作为训练集，训练线性回归模型，其余20%的样本数据作为测试集。

Python提供了机器学习库Scikit-learn用于建立回归模型，实现过程如下。

（1）导入Python库，并设置图表的中文字体。

```
import pandas as pd
import matplotlib.pyplot as plt
from sklearn import model_selection
from sklearn.linear_model import LinearRegression
plt.rcParams['font.sans-serif'] = 'SimHei'
```

（2）导入预处理文件中的数据，并选择自变量和因变量。

```
df = pd.read_excel('最新发布的北京二手房数据_预处理.xlsx')
unit_price = df['单价（元/平方米）']
house_area = df['面积（平方米）']
house_type = df[['室', '厅']]
house_regin = df[['通州', '朝阳', '昌平', '顺义', '丰台', '海淀',
'西城', '房山', '石景山', '大兴', '怀柔', '东城', '门头沟', '密云',
'延庆', '平谷', '亦庄开发区']]
house_finish = df[['毛坯', '简装', '精装']]
house_structure = df[['塔楼', '板楼', '板塔结合', '平房']]
is_subway = df[['近地铁', '不近地铁']]
house_dirt = df[['东', '南', '西', '北', '东北', '东南', '西南',
'西北']]
house_year = df['房龄']
#选择自变量x和因变量y
x = pd.concat([house_area, house_type, house_regin, house_finish,
house_structure, is_subway, house_dirt, house_year], axis=1)
y = unit_price
```

（3）划分训练集和测试集，然后通过训练集训练线性回归模型，并根据测试集的自变量对北京二手房房价进行估计。

```
#划分训练集与测试集
x_train, x_test, y_train, y_test = model_selection.train_test_split(x, y, test_size=0.2)
LR = LinearRegression()                       #建立线性回归模型
reg = LR.fit(x_train, y_train)                #训练模型
predicted = reg.predict(x_test)               #对测试集的自变量进行估计
```

（4）使用折线图绘制实际值和估计值的后 50 个数据。

```
plt.figure(figsize=(12, 6))
n = 50
plt.plot(range(n), y_test[-n:], '-.*')            #绘制实际值折线图
plt.plot(range(n), predicted[-n:], 'r--.')        #绘制估计值折线图
plt.legend(['实际值', '估计值'])
plt.xlabel('后 50 个数据')
plt.ylabel('单价/（元/平方米）')
plt.title('二手房房价实际值和估计值折线图')
plt.show()
```

程序运行结果如图 7-14 所示。

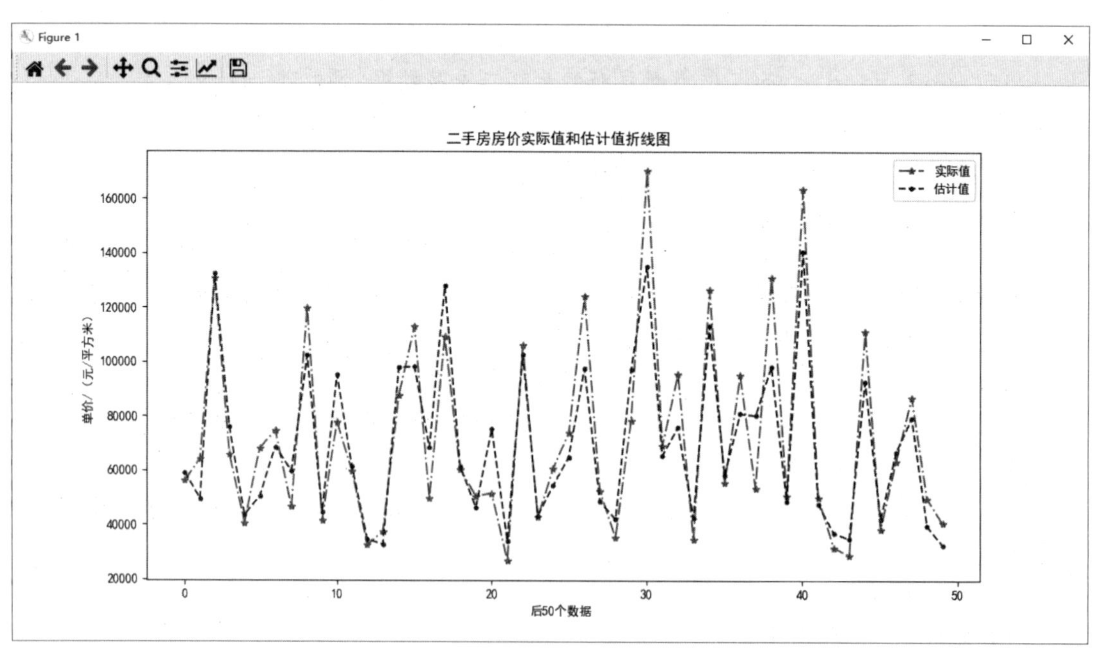

图 7-14　二手房房价实际值和线性回归预估值

从图 7-14 中可以看出，使用线性回归模型计算的北京二手房估计值与实际值稍有偏差，

但整体趋势基本一致，可以通过该模型粗略预测北京二手房房价。

提 示

由于划分训练集和测试集是随机的，因此每次的运行结果可能不一致。

（5）定义两组房源信息，如海淀和昌平的80平方米、2室1厅、精装、塔楼、靠近地铁、朝南、15年的房源信息，并添加到自变量的测试集中，然后使用第4步中的线性回归模型预测北京二手房房价。

```
#定义两组房源的自变量信息，添加到 x_test 中
#80 平方米、2 室 1 厅、海淀、精装、塔楼、靠近地铁、朝南、15 年
x_test.loc[len(x_test)] = [80, 2, 1, 0, 0, 0, 0, 0, 1, 0, 0, 0,
0, 0, 0, 0, 0, 0, 0, 0, 0, 0, 1, 1, 0, 0, 0, 1, 0, 0, 1, 0, 0, 0,
0, 0, 0, 15]
#80 平方米、2 室 1 厅、昌平、精装、塔楼、靠近地铁、朝南、15 年
x_test.loc[len(x_test) + 1] = [80, 2, 1, 0, 0, 1, 0, 0, 0, 0, 0,
0, 0, 0, 0, 0, 0, 0, 0, 0, 0, 0, 1, 1, 0, 0, 0, 1, 0, 0, 1, 0, 0,
0, 0, 0, 0, 15]
predicted = reg.predict(x_test)                    #预测数据
#输出最后两个预测值
print('80 平方米、2 室 1 厅、海淀、精装、塔楼、靠近地铁、朝南、15 年的房价
预测值（元/平方米）: \n', predicted[-2])
print('80 平方米、2 室 1 厅、昌平、精装、塔楼、靠近地铁、朝南、15 年的房价
预测值（元/平方米）: \n', predicted[-1])
```

程序运行结果如图7-15所示。

```
80平方米、2室1厅、海淀、精装、塔楼、靠近地铁、朝南、15年的房价预测值（元/平方米）：
 99925.90451972293
80平方米、2室1厅、昌平、精装、塔楼、靠近地铁、朝南、15年的房价预测值（元/平方米）：
 49734.60350886329
```

图7-15 二手房房价预测结果

从图7-15可以看出，同样面积、户型、装修、结构、是否靠近地铁、朝向和房龄的房源，海淀和昌平的预测房价相差很大，基本符合7.3.1节中各区二手房均价的分析。

提 示

本节简单介绍了机器学习的线性回归模型的使用方法，如果想要更多地了解机器学习的相关知识，可参考 Scikit-learn 库的说明文档 https://www.scikitlearn.com.cn/0.21.3/2/。

复兴之路

无论是编程还是做事，明确目标，做好规划，可以有效地提高效率。国家的发展更要做好规划，从历史中获取经验，指导未来的发展。

中华人民共和国国民经济和社会发展五年规划纲要（简称五年规划，原称五年计划），是中国国民经济计划的重要部分，属于长期计划。它主要是对国家重大建设项目、生产力分布和国民经济重要比例关系等做出规划，为国民经济发展远景规定目标和方向。

中国从 1953 年开始制定第一个“五年计划”。从“十一五”起，“五年计划”改为“五年规划”(除 1949 年 10 月到 1952 年底的中国国民经济恢复时期和 1963 年到 1965 年的国民经济调整时期外)。回顾五年计划/规划的历史，不仅能描绘中华人民共和国成立以来经济发展的大体脉络，也能从中探索中国经济发展的规律，通过对比与检视过去，可以从历史的发展中获得宝贵的经验，从而指导未来的经济发展。

2021 年 3 月 11 日，十三届全国人大四次会议表决通过了关于国民经济和社会发展第十四个五年规划和 2035 年远景目标纲要的决议。

本章考核 7

基于“最新发布的北京二手房数据_预处理.xlsx”文件中的数据，进行以下操作。

（1）使用双轴图分析前 10 名热门小区二手房数量（柱状图）和均价（折线图）。

（2）使用饼状图分析二手房房龄区间占比比例，房龄区间间隔为 5。

（3）使用水平柱状图分析二手房面积区间均价。

（4）在 7.4 节的基础上，添加总楼层自变量、选择总价为因变量建立多元线性回归模型，预测二手房总价。例如，预测 80 平方米、2 室 1 厅、海淀、精装、塔楼、靠近地铁、朝南、5 年、18 层房源的总价。提示：须先使用正则表达式提取楼层信息中的数值，并转换为整型。

第 8 章

电商客户价值分析

本章导读

近年来，无论是新兴电商还是传统商家都越来越认同“以客户为中心”的经营理念。该理念的关键是细分客户，从而针对不同价值客户群体制订不同的营销策略，实现精准营销，降低营销成本，提高销售业绩，使商家利润最大化。

学习目标

- 练习使用 Pandas 处理和标准化数据等。
- 练习使用 Matplotlib 绘制饼状图和柱状图分析新老客户价值。
- 练习使用 Scikit-learn 的 K-Means 聚类算法聚类客户，并通过 RFM 模型分析客户价值。
- 能根据需求使用不同的方法进行客户价值分析，并根据分析结果制订营销策略。

素质目标

- 树立信息安全意识，自觉维护自身和他人的信息安全。
- 践行“以人为本”的理念，尊重他人，顺应发展。

8.1 需求分析

客户价值分析是指对客户的消费特征和行为数据进行分析，并据此评估客户的价值。客户价值分析的结果可用于客户细分，商家可针对细分后不同价值客户的特点进行个性化营销，从而最大限度满足客户需求，促使交易产生的同时提高商家经济效益。此外，客户价值分析还有利于商家制订更为合理的市场渗透策略，从而赢得、扩大和保持高价值的客户群体，吸引和培养潜力较大的客户群体。

常用的客户价值分析方法包括新老客户分析法和 RFM 模型分析法两种。本章的目标是根据某电商网站女装店铺两个月的销售数据（见图 8-1），使用这两种方法对客户的价值进行分析，以便制订后续的营销策略。

女装销售数据.xlsx - Excel

	A	B	C	D	E	F	G	H	I
1	商品类别	商品名称	支付金额（元）	下单日期	下单时间	买家昵称	是否关注店铺	历史总订单数（单）	总交易金额（元）
2	裤子	女裤复古千鸟格纹女宽松显瘦百搭抽绳束脚阔腿长裤	228	2021/9/1	23时18分	阳宝宝宝	否	1	228
3	裤子	网红同款女裤裤子女原宿风宽松显瘦高街高腰束脚运动卫裤	299	2021/9/1	0时13分	傲娇queen	否	1	299
4	裤子	抖音同款女裤五分裤街头高腰休闲阔腿黑色居家运动短裤	258	2021/9/1	1时57分	Micky	是	9	1309.2
5	裤子	网红同款女裤裤子女原宿风宽松显瘦高街高腰束脚运动卫裤	299	2021/9/2	19时57分	天使BABY	否	1	299
6	外套	新款女装迷彩工装外套国潮宽松防风冲锋衣短款夹克	439	2021/9/2	11时33分	江城兔	是	8	1931.5
7	裤子	新款女裤收腹高腰弹力紧身字母印花黑色运动打底裤	149.9	2021/9/3	19时28分	苏蕃TINA	否	1	149.9
8	卫衣	女装欧美个性炫彩油漆点点街拍焦点套头卫衣	56.6	2021/9/4	22时25分	潇湘	否	1	56.6
9	卫衣	女装小清新必备学院派彩色时尚拼色长袖卫衣	175	2021/9/4	21时06分	烟花薏冷	否	1	175
10	卫衣	女装新款圆领波浪下摆边米奇头像长袖卫衣	230	2021/9/4	15时04分	黑森林	否	1	230
11	裤子	女裤复古灯芯绒宽松直筒休闲裤显瘦百搭阔腿长裤	289	2021/9/4	14时12分	凌蓝	是	5	1228
12	裤子	抖音同款女裤五分裤街头高腰休闲阔腿黑色居家运动短裤	258	2021/9/5	22时14分	香玛	是	7	1253
13	外套	新款女装拼色运动工装潮牌宽松冲锋衣	699	2021/9/6	13时24分	巨仙飘	否	3	1037
14	裤子	女裤复古灯芯绒宽松直筒休闲裤显瘦百搭阔腿长裤	289	2021/9/6	12时03分	金离渐	是	4	705.4
15	裤子	女裤黑色牛仔裤微喇叭裤商务高腰显瘦韩版修身阔腿长裤	159	2021/9/6	17时12分	诺贝尔可爱奖	是	4	1336
16	外套	新款女装迷彩工装外套国潮宽松防风冲锋衣短款夹克	439	2021/9/6	2时58分	VIP潇潇	是	6	1618.5
17	外套	新款女装拼色运动工装潮牌宽松冲锋衣	699	2021/9/6	22时58分	小双双	是	6	1254.9
18	裤子	女裤复古千鸟格纹女宽松显瘦百搭抽绳束脚阔腿长裤	228	2021/9/7	19时31分	素染墨眉	是	3	775
19	裤子	女裤黑色牛仔裤微喇叭裤商务高腰显瘦韩版修身阔腿长裤	159	2021/9/8	13时26分	克里斯张	否	1	159
20	裤子	女裤黑色牛仔裤微喇叭裤商务高腰显瘦韩版修身阔腿长裤	159	2021/9/8	8时19分	掌心爱人	否	1	159
21	裤子	女裤宽松显瘦抽绳束脚百搭休闲直筒ins风卫裤	249	2021/9/8	14时45分	蓝蓝的天空	否	1	249
22	裤子	女裤复古千鸟格纹女宽松显瘦百搭抽绳束脚阔腿长裤	228	2021/9/8	18时44分	人未老心苍茫	是	10+	2148.4
23	裤子	网红同款女裤裤子女原宿风宽松显瘦高街高腰束脚运动卫裤	299	2021/9/9	22时11分	笑眼明媚	否	1	299
24	裤子	女裤复古千鸟格纹女宽松显瘦百搭抽绳束脚阔腿长裤	228	2021/9/10	21时19分	儿子最帅	否	1	228
25	裤子	女裤宽松显瘦抽绳束脚百搭休闲直筒ins风卫裤	249	2021/9/10	22时47分	小朵儿	否	3	1006

订单信息

图 8-1　某电商网站女装店铺两个月的销售数据

8.2 新老客户分析

8.2.1 新老客户分析法

新老客户分析法是指根据购买次数这一指标将客户分为新客户和老客户两大客户群体，并在这两大客户群体中利用相同的指标（如人数、交易金额、客单价等）进行数据分析，帮助商家了解自家新老客户的价值，从而进行相应的资源配置和营销策略制订。

知识库 

客单价是指每个客户平均购买商品的金额，因此也称平均交易金额。客单价的计算公式为：客单价=总交易金额/总客户人数。

商家应根据新老客户的分析结果审视自身经营存在的不足，在巩固老客户数量的同时，及时采取措施将新客户转化为老客户，从而保持自身稳定快速增长。

8.2.2 新老客户价值分析

1. 新老客户人数占比分析

在女装销售数据中，将历史总订单数为 1 的客户看作新客户，而将历史总订单数大于 1 的客户看作老客户。此处，将历史总订单数中的“+”使用空字符替换，并将数值转换为整型，选取历史总订单数为 1 的数据赋给 df_new，选取历史总订单数大于 1 的数据赋给 df_old；然后创建新画布，以 df_new 和 df_old 的行标签个数列表为扇区数据、新客户和老客户列表为扇区标签、两位小数百分比为比例格式绘制饼状图，并设置图表标题。实现代码如下。

```
import pandas as pd
from matplotlib import pyplot as plt
df = pd.read_excel('女装销售数据.xlsx')
plt.rcParams['font.sans-serif'] = 'SimHei'
df['历史总订单数（单）'] = df['历史总订单数（单）'].apply(lambda x: x
if type(x) != str else x.replace('+', '')).astype('int')
df_new = df[df['历史总订单数（单）'] == 1]
df_old = df[df['历史总订单数（单）'] > 1]
#新老客户人数占比分析
plt.figure()
data = [df_new.index.size, df_old.index.size]
plt.pie(data, labels=['新客户', '老客户'], autopct='%.2f%%')
plt.title('新老客户人数占比饼状图')
plt.show()
```

提 示 

在历史总订单数中，客户的历史总订单数大于 10 单的统一使用“10+”表示。但“10+”并不是一个具体数值，此处将“10+”替换为“10”，将历史总订单数大于 10 单的客户统一按 10 单处理。

程序运行结果如图 8-2 所示。

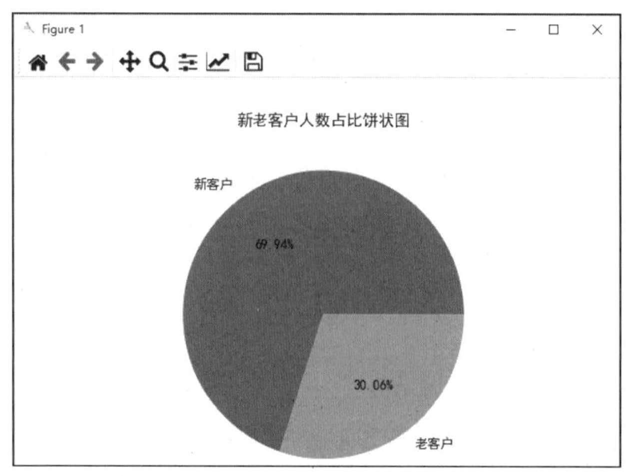

图 8-2　新老客户人数占比饼状图

2. 新老客户总交易金额占比分析

此处，创建新画布，以 df_new 和 df_old 的总交易金额的和列表为扇区数据、新客户和老客户列表为扇区标签、两位小数百分比为比例格式绘制饼状图，并设置图表标题。实现代码如下。

```
plt.figure()
data = [df_new['总交易金额(元)'].sum(), df_old['总交易金额(元)'].sum()]
plt.pie(data, labels=['新客户', '老客户'], autopct='%.2f%%')
plt.title('新老客户总交易金额占比饼状图')
plt.show()
```

程序运行结果如图 8-3 所示。

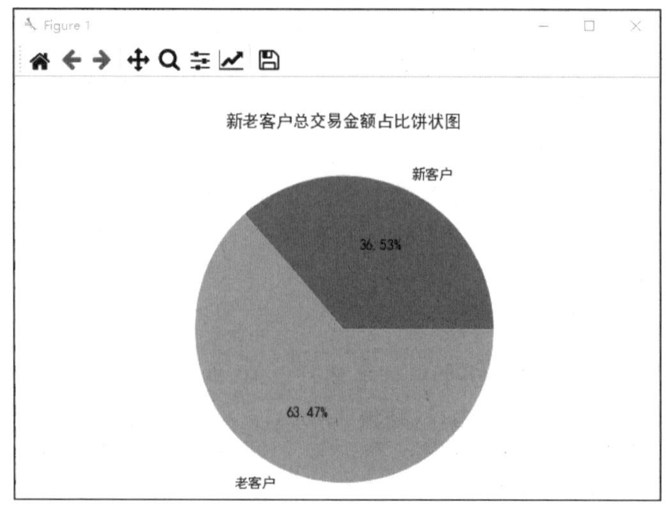

图 8-3　新老客户总交易金额占比饼状图

3．新老客户客单价分析

此处，以新客户和老客户列表为 *x* 轴数据、df_new 和 df_old 的总交易金额除以人数的值列表为 *y* 轴数据、宽度为 0.3 绘制柱状图，并设置 *y* 轴和图表标题、每个数据的文本标签。实现代码如下。

```
x = ['新客户', '老客户']
h1 = df_new['总交易金额（元）'].sum() / df_new.index.size
h2 = df_old['总交易金额（元）'].sum() / df_old.index.size
height = [h1, h2]
plt.bar(x, height, width=0.3)
plt.ylabel('客单价/元')
plt.title('新老客户客单价柱状图')
for a, b in zip(x, height):
    plt.text(a, b, '%.1f' % b, ha='center')
plt.show()
```

程序运行结果如图 8-4 所示。

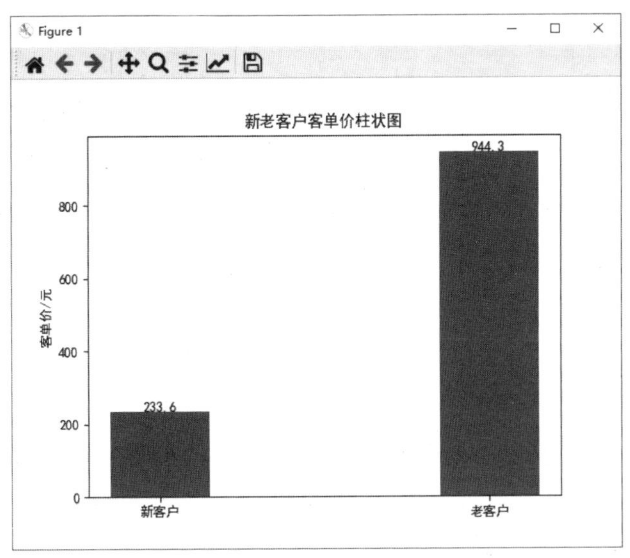

图 8-4 新老客户客单价柱状图

从图 8-2～图 8-4 可以看出，该店铺近两个月的全部客户中，新客户占比达到 7 成，但仅占 3 成的老客户贡献的总交易金额却超 6 成。此外，老客户的客单价远高于新客户，是新客户的近 4 倍。从这些数据中，可得出以下结论。

该店铺的客户群体中，老客户的客户价值相对较高，是店铺保持稳定盈利的重要保障。因此，店铺应当将资源优先配置给这部分客户，如专属折扣、会员福利、回馈活动等，以进一步提高这一客户群体的忠诚度。

此外，新客户群体的人数规模庞大，是极有可能转化为店铺的老客户、活跃客户乃至忠实客户的。因此，商家可对新客户进行回头客营销，如上新推荐、生日/节日祝福等，使更多的新客户转化为老客户。

明镜高悬

2020 年 10 月 16 日，北京的韩女士在电商平台购物时，错用另一部手机付款，她在这个过程中意外发现，同一商家的同一件商品，新客户竟然比老客户便宜 25 元。韩女士遇到的，就是曾引发热议的大数据“杀熟”现象。

大数据“杀熟”具体表现为，同样的商品或服务，不同的客户看到的价格或搜索的结果是不同的，从而导致客户权益受损的现象。通常情况下，老客户看到的价格反而比新客户高，或者搜索到的结果比新客户少。

大数据“杀熟”可视作精准营销的负面产物，它是一种明显的差别对待和价格歧视，损害了消费者的公平交易权。为杜绝此类现象的发生，我国展开了一系列治理行动，相继出台了若干项管控和处罚措施，并立法禁止电商平台实施大数据“杀熟”行为。《中华人民共和国个人信息保护法》第 24 条明确规定，个人信息处理者不得对个人在交易价格等交易条件上实行不合理的差别待遇。

8.3 RFM 模型分析

使用 RFM 模型分析客户价值主要包含两个部分：第一，根据 3 个特征值的数据，对客户进行聚类分群；第二，结合业务对每个客户群体进行特征分析，分析其客户价值。本节将通过 K-Means 聚类算法对客户进行聚类，然后结合 RFM 模型分析不同类别客户的价值。

8.3.1 RFM 模型

RFM 模型是一个经典的客户价值分析模型，它将最近消费时间间隔（recency）、消费频率（frequency）、消费金额（monetary）三大指标作为衡量标准描述客户的价值状况。

（1）最近消费时间间隔（以下简称 R）是指客户上一次的消费时间和统计当天的间隔。R 的值越小，说明客户的下单间隔越小。如果 R 的值很大，则可认为该客户存在流失风险或已流失，在这类客户中，可能存在一些优质客户，值得商家通过一定的营销手段进行“唤醒”。

（2）消费频率（以下简称 F）是指客户在一段时间内的购买次数。F 能够体现客户的忠诚度，其值越大，表示客户在本店铺消费越频繁，不仅能为店铺带来人气，还能带来稳定的现金流。除忠诚度外，影响 F 的因素还包括商品价格、生命周期、品类等。例如，手机、笔记本电脑等商品的价格昂贵，生命周期通常在 1～3 年，因此 3C 数码店铺的 F 值通常较小；而日用百货、副食水果等商品的价格便宜，商品购买周期可能只有数天，因此超市的 F 值通

常较大。这个例子说明，跨品类比较F的值是没有意义的。

此外，从上述例子中还可以看出，F更适用于品类较多、规模较大的店铺。因此，对于一些品类较为单一、规模较小的店铺，用客户的历史总购买次数作为F的值更有参考价值。

（3）消费金额（以下简称M）是指客户在一段时间内的消费金额。M的值越大，说明客户在本店铺的消费金额越高，其对店铺的价值也越高。与F类似，对于小店铺而言，也可将客户的总消费金额作为M的值。

在获取店铺所有客户的RFM指标后，需要根据整体数据情况为每个指标确定判定值（一般为各指标数据的平均值），通过将每位客户的指标数据与判定值进行比较，即可将客户细分为8种类型：重要价值客户、重要发展客户、重要保持客户、重要挽留客户、一般价值客户、一般发展客户、一般保持客户和一般挽留客户，如图8-5所示。

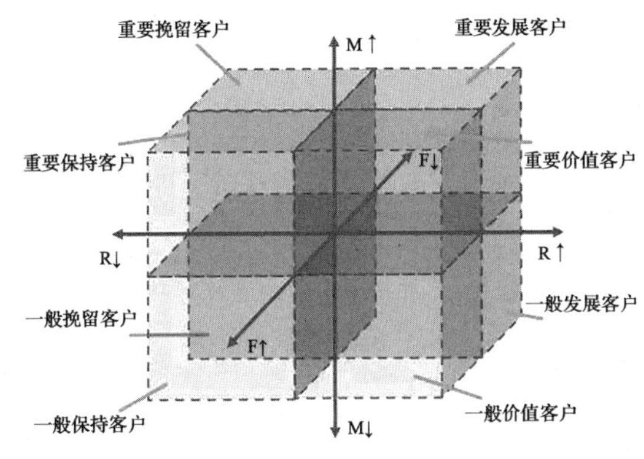

图8-5 RFM分析模型

提 示

在客户价值分析中，可以根据需求选择客户分类数，无须完全按照图8-5划分为8类。

在利用RFM模型对店铺客户进行价值划分后，可对其采取不同的营销策略（见表8-1），以达到营销成本的最大化利用。

表8-1 针对不同价值客户的营销策略

客户类型	营销策略
重要价值客户	这类客户的价值较高，应为其倾斜更多资源，向其提供VIP服务、高级定制服务等
重要发展客户	这类客户的消费频率较低，应进一步挖掘客户需求，通过发放优惠券、红包或提升会员权益等方式提高他们的消费频率
重要保持客户	这类客户的最近消费时间间隔较长，可在店铺有促销活动时采取邮件推送、短信提醒等方式主动和他们保持联系，提高复购率
重要挽留客户	这类客户有即将流失的风险，可通过短信、邮件或App推送、有偿问卷发放等形式主动联系用户，询问流失原因，确定出现问题的环节，制订相应的挽回策略，提高留存率

（续表）

客户类型	营销策略
一般价值客户	这类客户较为活跃，但消费金额较低，属于价格敏感型客户，可先通过性价比较高的商品在其心中奠定口碑和品牌信誉，从而使其逐步提高消费金额
一般发展客户	这类客户通常属于店铺新客，对店铺的了解有限，因此需要利用会员权限、新客优惠券等形式提高客户兴趣，在其心中创立品牌知名度
一般保持客户	这类客户可能只是偶然在店铺购买过商品，对店铺的印象不深，因此可采用积分、节日问候、折扣等形式吸引客户
一般挽留客户	这类客户应采取一定的挽留策略，但不宜为此投入过多店铺资源

8.3.2 聚类算法

1．什么是聚类

聚类类似于分类，不同的是聚类没有给定划分类别，而是通过一定的算法自动分类。即按某个特定标准把一个数据集分割成不同的类，使得同一个类中的数据之间相似性尽可能大，同时不在同一个类中的数据之间差异性也尽可能大。可见，聚类后同一类的数据尽可能聚集到一起，不同类数据尽量分离，如图 8-6 所示。

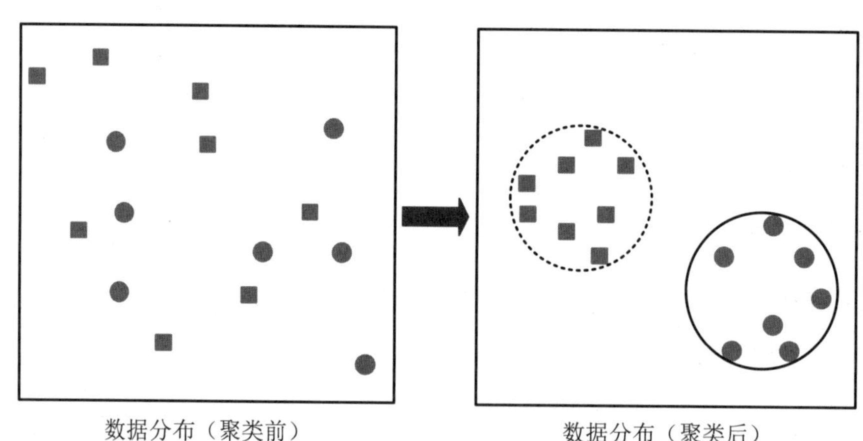

图 8-6 聚类示意图

2．K-Means 聚类算法

聚类算法中最典型的是 K-Means 聚类算法，也称 K 均值聚类算法。它采用距离作为相似性的评价指标，即认为两个样本数据的距离越近，其相似度就越大。而且，该算法认为类是由距离靠近的数据组成的，因此其最终目标是获得紧凑且独立的类。

K 均值聚类算法凭借原理简单、实现容易和收敛速度快等优点在多个领域有着广泛的应用，如发现不同的客户群（商业领域）、对基因进行分类（生物领域）、向客户提供更合适的

服务（电子商务）等。

3．聚类模块

机器学习库 Scikit-learn 提供了 cluster 模块用于聚类分析，该模块包含了多种聚类算法。通过 KMeans()函数可以创建 K-Means 聚类模型，其一般格式如下。

```
KMeans(n_clusters=8)
```

其中，n_clusters 表示客户类别数量，为整型，最大值为 8，默认为最大值。

创建模型后，须使用其 fit()函数计算 K-Means 聚类的属性，常用的属性有 cluster_centers_和 labels_。其中，cluster_centers_表示聚类中心值；labels_表示每个样本数据所属的类别标号，取值为 0～n_clusters−1。

8.3.3 RFM 模型特征值构建和标准化

1．特征值构建

该女装店铺的 RFM 模型的特征值可以通过数据中的下单日期、历史总订单数和总交易金额得到。此处，首先，将下单日期及其最大值转换成时间型数据，相减后将时间差转换成天数，并添加到最近消费时间间隔列；接着，将历史总订单数中的“+”使用空字符替换，并将数值转换为整型；然后，选择买家昵称、最近消费时间间隔、历史总订单数和总交易金额创建 DataFrame 对象；最后，修改该对象的列标签，并设置买家昵称列为行标签，输出数据。实现代码如下。

```
import pandas as pd
import numpy as np
df = pd.read_excel('女装销售数据.xlsx')
pd.set_option('display.unicode.east_asian_width', True)
#特征值构建
df['最近消费时间间隔'] = (pd.to_datetime(df['下单日期'].max()) - pd.to_datetime(df['下单日期']))/np.timedelta64(1, 'D')
df['历史总订单数（单）'] = df['历史总订单数（单）'].apply(lambda x: x if type(x) != str else x.replace('+', '')).astype('int')
df_temp = df[['买家昵称', '最近消费时间间隔', '历史总订单数（单）', '总交易金额（元）']]
df_temp = df_temp.rename(columns={'最近消费时间间隔': 'R-最近消费时间间隔', '历史总订单数（单）': 'F-消费频率', '总交易金额（元）': 'M-消费金额'})
df_temp = df_temp.set_index(['买家昵称'])
print(df_temp)
```

提 示 

NumPy 库提供了 timedelta64()函数用于产生一个带时间单位的 64 位整数，第一个参数表示单位数，第二个参数表示单位，如 D（天）、M（月）、Y（年）等。

程序运行结果如图 8-7 所示。

	R-最近消费时间间隔	F-消费频率	M-消费金额
买家昵称			
阳宝宝宝	60.0	1	228.0
傲娇queen	60.0	1	299.0
Micky	60.0	9	1309.2
天使BABY	59.0	1	299.0
江城兔	59.0	8	1931.5
...	...	...	...
剑网三小师妹	4.0	1	175.0
几渡	3.0	1	279.0
低调	1.0	1	278.0
疏离	1.0	1	289.0
闲懒诗人	0.0	1	159.0

图 8-7　特征值构建程序运行结果

2. 特征值标准化

由于每个特征值的量纲和取值范围不同，可能会对数据分析的结果造成影响，因此须对其进行准化处理。此处，使用标准差标准化数据，即每列数据减去列均值后除以列标准差，然后输出标准化后的特征值。实现代码如下。

```
df_std = (df_temp - df_temp.mean(axis=0))/df_temp.std(axis=0)
print(df_std)
```

程序运行结果如图 8-8 所示

	R-最近消费时间间隔	F-消费频率	M-消费金额
买家昵称			
阳宝宝宝	1.712523	-0.420432	-0.368803
傲娇queen	1.712523	-0.420432	-0.249369
Micky	1.712523	3.523763	1.449956
天使BABY	1.652311	-0.420432	-0.249369
江城兔	1.652311	3.030739	2.496769
...	...	...	...
剑网三小师妹	-1.659330	-0.420432	-0.457958
几渡	-1.719541	-0.420432	-0.283013
低调	-1.839965	-0.420432	-0.284695
疏离	-1.839965	-0.420432	-0.266191
闲懒诗人	-1.900176	-0.420432	-0.484873

图 8-8　特征值标准化程序运行结果

8.3.4 店铺客户价值分析

1. 客户聚类

为了清晰地分析客户，须通过聚类模型标记客户类别。此处，首先导入 Scikit-learn 库的 cluster 模块；然后设置客户类别数量为 4（结合业务的理解与分析来确定），使用 KMeans() 函数创建聚类模型；最后使用 fit()函数计算聚类算法的属性，将 labels_属性添加到数据的客户类别列，并输出数据。实现代码如下。

```
from sklearn import cluster
k = 4                                       #设置客户类别数量
kmodel = cluster.KMeans(n_clusters=k)       #创建聚类模型
kmodel.fit(df_std)                          #计算聚类算法的属性
df_temp['客户类别'] = kmodel.labels_
print(df_temp)
```

程序运行结果如图 8-9 所示。

	R-最近消费时间间隔	F-消费频率	M-消费金额	客户类别
买家昵称				
阳宝宝宝	60.0	1	228.0	0
傲娇queen	60.0	1	299.0	0
Micky	60.0	9	1309.2	1
天使BABY	59.0	1	299.0	0
江城兔	59.0	8	1931.5	1
...	...	...	...	...
剑网三小师妹	4.0	1	175.0	2
几渡	3.0	1	279.0	2
低调	1.0	1	278.0	2
疏离	1.0	1	289.0	2
闲懒诗人	0.0	1	159.0	2

图 8-9 客户类型标记程序运行结果

接下来，根据客户类别计算以上 4 类客户的 RFM 的值和客户数，并选取 R、F 和 M 值的均值作为判定值。此处，将数据按客户类别分组及求分组数据的均值（R、F 和 M 的值）；然后将分组数据的统计个数添加到客户数列；最后按列求均值并添加到判定值行，输出数据。实现代码如下。

```
df_mean = df_temp.groupby('客户类别').mean()
df_mean['客户数'] = df_temp.groupby('客户类别').size()
df_mean.loc['判定值'] = df_mean.mean()
print(df_mean)
```

程序运行结果如图 8-10 所示。

```
          R-最近消费时间间隔  F-消费频率     M-消费金额   客户数
聚类类别
0              43.706667     1.560000   362.970667   75.00
1              51.454545     7.363636  1593.972727   11.00
2              16.175676     1.000000   234.177027   74.00
3              34.333333    10.000000  3605.000000    3.00
判定值          36.417555     4.980909  1449.030105   40.75
```

图 8-10 RFM 的值、客户数和判定值计算程序运行结果

提 示 

由于 K-Means 聚类随机选择类别标号，因此重复聚类得到的类别标号可能不同。此外，由于算法的精度问题，重复聚类得到的聚类结果也可能略有不同。

2. 客户价值分析

根据图 8-10 客户聚类的结果，当 R 的值低于判定值时判定为高，否则判定为低；当 F 和 M 的值高于判定值时判定为高，否则判定为低。从而得出该女装店铺客户价值分析的 RFM 分析模型，并按客户价值进行排名，如表 8-2 所示。

表 8-2 女装店铺客户价值分析的 RFM 分析模型

R	F	M	客户类别	客户分类	客户数	排 名
低	低	低	0	一般挽留客户	75	4
低	高	高	1	重要保持客户	11	2
高	低	低	2	一般发展客户	74	3
高	高	高	3	重要价值客户	3	1

（1）一般挽留客户：R、F 和 M 的值都较低，表明这些客户在很长时间没有在店铺进行消费了，且消费次数和消费金额也较少，但客户所占比例较大。针对这类客户，店铺可以适当采取推送促销信息等挽留策略，但不宜为此投入过多店铺资源。

（2）重要保持客户：R 的值低，F 和 M 的值较高，表明这些客户很长时间没有在店铺进行消费了，但消费次数和消费金额较多。针对这类客户，可在店铺有促销活动时采取邮件推送、短信提醒等方式主动和他们保持联系，提高复购率。

（3）一般发展客户：R 的值较高，F 和 M 的值低，表明这些客户近期在店铺消费过，但消费次数和消费金额少，可能是店铺的新客户，对店铺了解较少。虽然他们当前的价值不是很高，但却有很大的发展潜力，且客户所占比例较大。针对这类客户，店铺可以用会员权限、新客优惠券等形式提高客户兴趣，在其心中创立品牌知名度。

（4）重要价值客户：R 的值略高，F 和 M 的值很高，表明这些客户近期没有在店铺进

行消费，但他们忠诚度高，且贡献值大，所占比例却非常小，可以将他们看作店铺的 VIP 客户。针对这类客户，店铺可以向其提供 VIP 服务、高级定制服务，进行一对一营销。

本章考核 8

现有“餐饮综合数据.xlsx”文件中“订单信息表”信息，其内容如图 8-11 所示。

	订单号	会员名	点餐时间	消费金额	是否结算（0.未结算 1.已结算）	结算时间
2	202203010417	苗宇怡	2022/3/1 11:05	165	1	11:11:46
3	202203010301	李靖	2022/3/1 11:15	321	1	11:31:55
4	202203010413	卓永梅	2022/3/1 12:42	854	1	12:54:37
5	202203010415	张大鹏	2022/3/1 12:51	466	1	13:08:20
6	202203010392	李小东	2022/3/1 12:58	704	1	13:07:16
7	202203010381	沈晓雯	2022/3/1 13:15	239	1	13:23:42
8	202203010429	苗泽坤	2022/3/1 13:17	699	1	13:34:18
9	202203010433	李达明	2022/3/1 13:38	511	1	13:50:16
10	202203010569	蓝娜	2022/3/1 17:06	326	1	17:18:20
11	202203010655	沈丹丹	2022/3/1 17:32	263	1	17:44:27
12	202203010577	冷亮	2022/3/1 17:37	380	1	17:50:02
13	202203010622	徐骏太	2022/3/1 17:40	164	1	17:47:08
14	202203010651	高僖桐	2022/3/1 18:12	137	1	18:20:12
15	202203010694	朱钰	2022/3/1 18:26	819	1	18:37:27
16	202203010462	孙新潇	2022/3/1 18:45	431	1	18:49:42
17	202203010458	牛长金	2022/3/1 19:27	700	1	19:31:41
18	202203010467	赵英	2022/3/1 19:40	615	0	
19	202203010562	王嘉淏	2022/3/1 19:44	366	1	19:57:51
20	202203010486	艾文茜	2022/3/1 20:31	443	1	20:36:28

图 8-11 “订单信息表”的内容（部分）

（1）删除结算时间包含缺失值的行，选取会员名中出现次数为 1 的数据作为新用户数据，其他为老用户数据。

（2）绘制新老客户人数和总消费金额饼状图及客单价柱状图，使用新老客户分析法分析新老客户价值。

（3）使用聚类算法将客户进行聚类分群，并使用 RFM 模型分析餐厅客户价值。

参考文献

［1］李良．Python 数据分析与可视化［M］．北京：电子工业出版社，2021．

［2］安俊秀，唐聃，靳宇倡，等．Python 大数据处理与分析［M］．北京：人民邮电出版社，2021．

［3］明日科技，高春艳，刘志铭．Python 数据分析从入门到实践［M］．长春：吉林大学出版社，2020．

［4］朱春旭．Python 数据分析与大数据处理从入门到精通［M］．北京：北京大学出版社，2019．

［5］黑马程序员．Python 数据分析与应用：从数据获取到可视化［M］．北京：中国铁道出版社，2019．

［6］黄红梅，张良均．Python 数据分析与应用［M］．北京：人民邮电出版社，2018．